2025

전기산업기사 실기 합격안내서

마인드맵
무료 동영상 강의

- 개념학습 총정리 MIND MAP
- 단답형 학습 속성 암기법
- 출제우선순위 꼭 나오는 유형

김대호 저
건축전기설비기술사

실기 합격의 완성
개념학습/총정리

MIND MAP

전기산업기사 실기편

한솔아카데미 전기산업기사

NAVER
한솔아카데미 홈페이지에서 무료동영상 제공

2024 대한민국 고객만족지수 **1위**
온라인교육(자격증) 부문

부　문 온라인교육(자격증)
브랜드명 한솔아카데미

01 시험정보 제공
시험일정, 출제기준, 합격률, 원서접수 안내

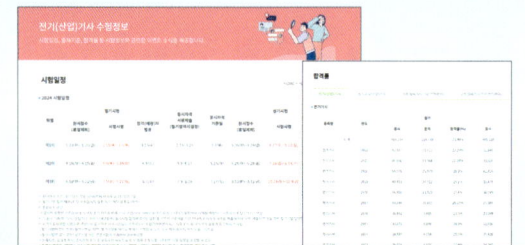

02 기출문제 제공
최신 필기, 실기 기출문제 및 동영상 해설 제공

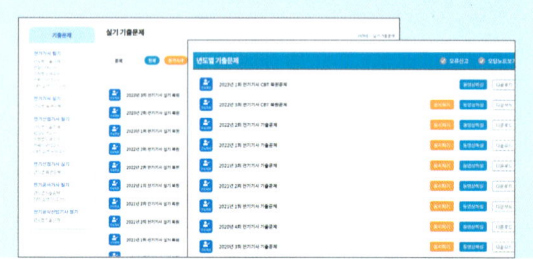

03 무료특강
공업수학, 공학용계산기활용법, 필기합격 꿀팁

04 베테랑 강사진
과목별 전문강사 시스템으로 차별화 된 강의

05 전기산업기사 필기+실기 온라인 강의

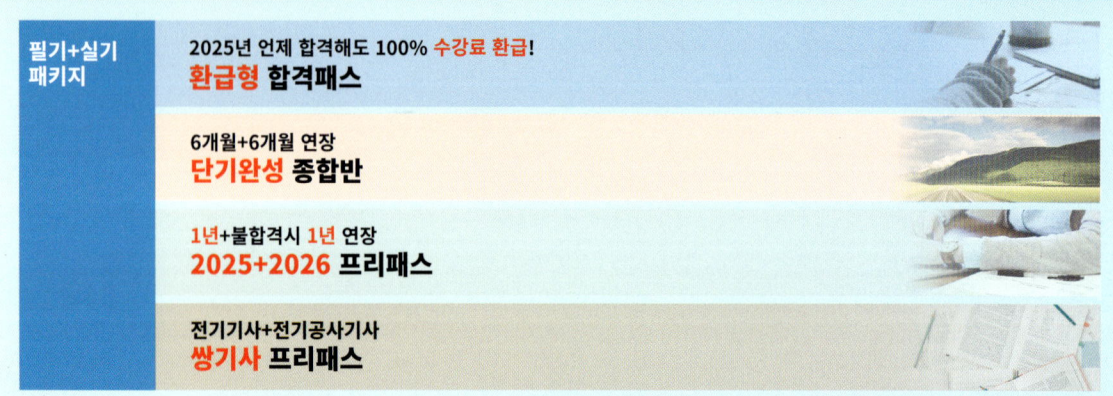

필기+실기 패키지

2025년 언제 합격해도 100% 수강료 환급!
환급형 합격패스

6개월+6개월 연장
단기완성 종합반

1년+불합격시 1년 연장
2025+2026 프리패스

전기기사+전기공사기사
쌍기사 프리패스

수험생의 학습에 최적화된 한솔아카데미 홈페이지를 직접 확인하세요!

www.inup.co.kr
한솔아카데미
전기산업기사

06 실기 온라인 강의교재
전기산업기사 실기 합격의 열쇠!

07 학습게시판
**전기전담 강사님과의 학습 Q&A
담당 강사님 직접 답변!**

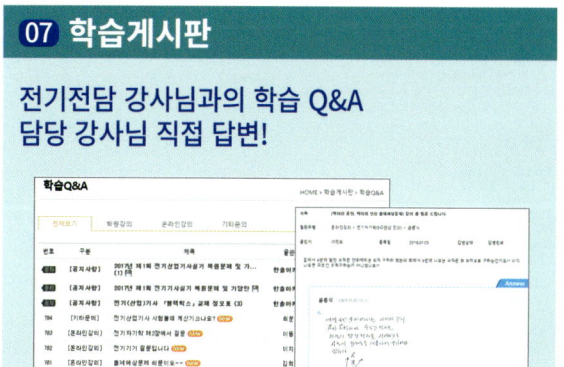

마인드 맵 무료강의 수강방법

❶ 한솔아카데미 전기산업기사 홈페이지에서 **회원가입**을 한다
❷ 상단 [무료 제공 동영상 강의 한솔 TV] 메뉴 선택 후 [실기대비 무료 강의] 탭을 클릭한다
❸ [마인드 맵, 속성 암기법, 시험에 꼭 나오는 유형] 무료강의 수강!
❹ **무료강의**는 수강기간 신청일로부터 **4개월**

신뢰 (信賴)

신뢰는 하루아침에 이루어질 수 없습니다.
매년 약속된 결과보다 더 큰 만족을 드리며
새롭게 앞서나가려는 노력으로
혼신의 힘을 다할 때
신뢰는 조금씩 쌓여가는 것으로
40년 전통의 한솔아카데미의 신뢰만큼은
모방할 수 없는 것입니다.

1장 전력계통

중성점접지

- 비접지방식
- 저항 접지방식
- 소호리액터 접지방식
- 직접 접지방식

유효접지방식
- 1선 지락시 건전상 전위상승이 상규 대지전압의 1.3배를 넘지 않도록 접지 임피던스를 조절한다.

중성점 잔류전압

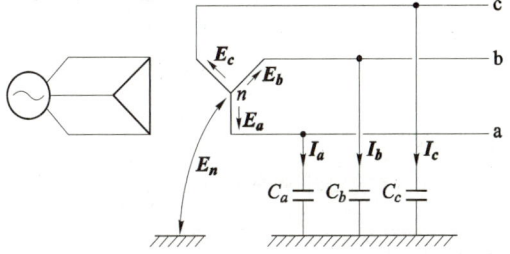

- 중성점 잔류전압

$$E_n = \frac{\sqrt{C_a(C_a-C_b)+C_b(C_b-C_c)+C_c(C_c-C_a)}}{C_a+C_b+C_c} \times \frac{V}{\sqrt{3}}$$

중성점을 접지하는 목적
- 건전상 대지전위상승을 억제하여 전선로 및 기기의 절연레벨 경감.
- 지락전류를 검출하여 보호계전기의 동작을 확실하게 한다.
- 뇌, 아크 지락 등에 의한 이상전압을 경감한다.
- 1선 지락시 지락전류의 크기를 제한하여 안정도를 향상시킨다.

중성점 접지저항기
- 지락사고시 지락전류 억제 및 건전상 전위상승 억제

배전선로

배전방식

저압 뱅킹방식
- 변압기의 공급 전력을 서로 융통시킴으로서 변압기 용량을 저감할 수 있다.
- 전압 변동 및 전력 손실이 경감된다.
- 부하 증가에 대응할 수 있는 탄력성이 향상된다.
- 고장 보호 방식이 적당할 때 공급의 신뢰도가 향상된다.

저압 네트워크 방식

특징
- 무정전 공급이 가능하며 공급의 신뢰도가 높다.
- 플리커 및 전압변동이 적다.
- 전력손실이 감소된다.
- 기기 이용률이 향상된다.
- 부하 증가에 대한 적응성이 좋다.
- 특별한 보호장치가 필요하다.

배전선 전압을 조정하는 방법
- 자동전압조정기
- 고정승압기(또는 승압기)
- 병렬콘덴서
- 선로전압강하 보상기
- 직렬콘덴서
- 유도전압조정기
- 부하시 탭절환변압기(또는 주변압기의 탭조정)

승압기

V 결선

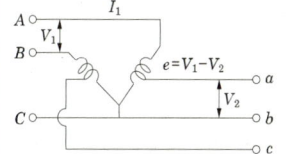

- $\dfrac{\text{자기용량}}{\text{부하용량}} = \dfrac{2}{\sqrt{3}} \times \dfrac{(V_1-V_2)I_1}{V_1 I_1} = \dfrac{2}{\sqrt{3}}\left(1-\dfrac{V_2}{V_1}\right)$

단권변압기의 장점
- 1권선 변압기 이므로 동량을 줄일 수 있다.
- 동손이 감소하여 효율이 좋아진다.
- 부하 용량이 등가 용량에 비하여 커져 경제적이다.
- 누설자속 감소로 전압변동이 작다.

단권변압기의 단점
- 누설임피던스가 적어 단락전류가 크다.
- 1차측에 이상전압 발생시 2차측에도 고전압이 걸려 위험하다.
- 단락전류가 크게 되므로 열적, 기계적 강도가 커야 한다.

단권변압기의 용도
- 승압 및 강압용 단권 변압기
- 초고압 전력용 변압기

전압과의 관계

(1) 전력손실이 동일 하므로 전력손실 $P_L = 3I^2R$에서 전류 I는 일정하다.
  ∴ 공급능력은 $P = \sqrt{3}\,VI\cos\theta$에서 $P \propto V$가 된다.

(2) 전력손실 $P_L = \dfrac{P^2 R}{V^2 \cos^2\theta}$에서 $P_L \propto \dfrac{1}{V^2}$가 된다.

(3) 전압강하율 $\epsilon = \dfrac{e}{V}\times 100 = \dfrac{P}{V^2}(R+X\tan\theta)$에서
$\epsilon \propto \dfrac{1}{V^2}$가 된다.

전압강하
- $e = \dfrac{P}{V_r}(R+X\tan\theta)\,[\text{V}]$에서

$P = \dfrac{eV_r}{R+X\tan\theta}\times 10^{-3}\,[\text{kW}]$

1장 전력계통

조상설비

- 분로리액터 : 페란티현상 방지
- 직렬 리액터 : 제5고조파 제거
- 소호리액터 : 지락시 아크소호에 의한 지락전류 제한
- 한류리액터 : 단락전류 제한

무효전력 보상기

- 사이리스터를 사용하여 진상 또는 지상 무효전력을 제어하는 정지형 무효전력 제어장치

직렬콘덴서   □□□ 기 16 산 14

- 선로의 유도성 리액턴스를 보상하여 전압강하를 경감한다.

고장해석

□□□ 기 87,88,91,92,93,94,98,99,00,01,02,03,04,05,06,07,08,10,11,12,13,14,15,16,18,20,21,22,23
산 84,88,89,91,92,93,94,95,99,06,08,10,11,13,14,15,16,18,19,20,21,22

%임피던스법

- $\%Z = \dfrac{I_n[A] \times Z[\Omega]}{E[V]} \times 100[\%] = \dfrac{P[kVA] \times Z[\Omega]}{10\,V^2[kV]}[\%]$

옴법   □□□ 기 92,04,06,09,11,13,15

리액턴스의 계산

- 발전기 G_1의 리액턴스

  $X_{G1} = \dfrac{\%X_{G1} \times 10\,V^2}{P}$

- 전압은 고장점 전압을 기준으로 구한다.
- 단락전류

  $I_s = \dfrac{E}{Z} = \dfrac{V/\sqrt{3}}{Z}$

단락전류 억제대책   □□□ 기 05,13,20 산 16

- 모선계통의 계통분리 운용
- 한류리액터의 설치
- 직류연계
- 한류 퓨즈에 의한 백업차단
- 계통연계기
- 계통전압의 격상
- 고장전류 제한기 사용
- 변압기 임피던스 조정

대칭좌표법   □□□ 기 18,22,23

영상전압 $V_0 = \dfrac{V_a}{3} + \dfrac{V_b}{3} + \dfrac{V_c}{3} = \dfrac{1}{3}(V_a + V_b + V_c)$

정상전압 $V_1 = \dfrac{V_a}{3} + a\dfrac{V_b}{3} + a^2\dfrac{V_c}{3} = \dfrac{1}{3}(V_a + aV_b + a^2V_c)$

역상전압 $V_2 = \dfrac{V_a}{3} + a^2\dfrac{V_b}{3} + a\dfrac{V_c}{3} = \dfrac{1}{3}(V_a + a^2V_b + aV_c)$

교류발전기 기본식

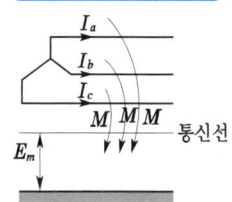

- $V_0 = -Z_0 I_0$
- $V_1 = E_a - Z_1 I_1$
- $V_2 = -Z_2 I_2$

유도장해

전자유도장해   □□□ 기 97,99,12,17 산 14,21,23

유도장해방지대책

- 전자유도전압 $E_m = j\omega M l\,3I_o$

  E_m : 전자 유도전압, M : 상호 인덕턴스,
  l : 통신선과 전력선의 병행길이

- $3I_o = 3 \times$ 영상 전류 = 지락 전류

근본대책

- 전자유도전압의 억제

통신선측 대책

- 절연변압기를 설치하여 구간을 분리한다.
- 연피케이블을 사용한다.
- 통신선에 우수한 피뢰기를 사용한다.
- 배류 코일을 설치한다.
- 전력선과 교차시 수직교차 한다.

전력선측 대책

- 통신선로로부터 이격거리를 멀리한다.
- 중성점 접지저항 값을 가능한 크게 한다.
- 고속도 지락보호 계전방식을 채용한다.
- 차폐선을 설치한다.
- 지중 전선로 방식을 채용한다.

1장 전력계통

송전선로

경제적인 송전전압의 결정 □□□ 기 99,16,20 산 99,20,22

스틸의 식

- 사용전압[kV]

$$V_s = 5.5\sqrt{0.6 \times 송전거리[km] + \frac{송전전력[kW]}{100}}$$

코로나 □□□ 기 99,08,09,15,18,21

코로나란 송전선의 전위경도가 주위의 공기 절연강도를 초과하여 전선 주위의 공기가 이온화하여 국부적으로 절연이 파괴되는 현상을 말한다.

영향

① 코로나 임계전압

$$E_0 = 24.3 m_0 m_1 \delta d \log_{10}\frac{2D}{d}[kV]$$

여기서 m_0 : 전선표면의 상태계수,
m_1 : 기후계수,
δ : 상대 공기밀도

② 상대공기밀도

$$\delta = \frac{b}{760} \times \frac{273+20}{273+t}$$

단, t : 기온[℃], b : 기압[mmHg]

③ 코로나 손실에 피크(F.W.Peek)의 실험식

$$P = \frac{241}{\delta}(f+25)\sqrt{\frac{d}{2D}}(E-E_0)^2 \times 10^{-5}[kw/km/1선]$$

여기서, δ : 상대 공기밀도, f : 주파수,
d : 전선의 지름[cm],
D : 선간거리[cm],
E : 전선의 대지전압[kV],
E_0 : 코로나 임계전압[kV]

④ 전선의 부식촉진 된다.

코로나 방지대책

코로나를 방지하기 위해서는 코로나 임계전압을 높여주는 방법을 채택한다. 즉, 코로나가 발생할 수 있는 전압의 한계값을 높여주는 것을 말한다.
① 굵은 전선을 사용한다.
② 복도체를 사용한다.
③ 가선금구(加線金具)를 개량한다.

이도 □□□ 기 11 산 12,14,16,18,20,21,23

- 이도의 계산

$$D = \frac{wS^2}{8T}[m]$$

- 전선의 길이

$$L = S + \frac{8D^2}{3S}$$

이도의 영향 □□□ 기 20

- 이도가 작으면 전선의 장력이 증가하며, 심할 경우에는 전선이 단선될 우려가 있다.
- 이도가 크면 전선은 좌우로 진동해서 다른상의 전선에 접촉하거나, 수목에 접촉할 우려가 있다.
 (댐퍼 : 전선의 진동방지)
- 지지물의 높이를 좌우한다.

코로나 임계전압

- 기온 : 온도가 높아지면 상대공기밀도가 낮아져 코로나 발생이 쉬워진다.
- 표고 : 표고가 높아짐에 따라 기압이 감소하게 되어 코로나 발생이 쉬워진다.
- 선간거리 : 선간거리가 커지면 코로나의 임계전압이 커져 코로나 발생이 억제된다.
- 전선의 굵기 : 전선이 굵을수록 코로나 임계전압이 커져 코로나 발생이 억제된다.

복도체 장점 □□□ 기 01,03,14

- 송전용량 증대
- 코로나 임계전압 상승
- 안정도 증대
- 선로의 인덕턴스 감소

복도체 단점

- 정전용량이 커지므로 페란티 효과가 발생할 수 있다.
- 단락시 대전류에 의해 소도체 사이에 흡인력이 발생하여 소도체가 상호접근 및 접촉이 될 수 있다.

등가선간거리 □□□ 기 07,14,21

① 등가선간거리

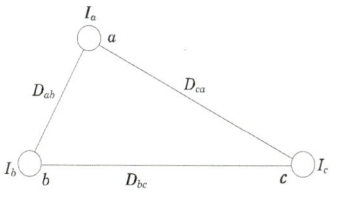

에서 기하학적 평균거리는

$D_a = \sqrt[3]{D_{ab} D_{bc} D_{ca}}[m]$가 된다.

② 소도체간의 등가평균거리
소도체가 정사각형 배치된 경우 간격이 D일 때 소도체의 등가평균거리 $D_0 = \sqrt[6]{2} \times D[m]$

충전전류와 충전용량 □□□ 기 98,01,02,09,15,19,22,23 산 09

① 전선의 충전 전류 : $I_c = 2\pi f C \times \frac{V}{\sqrt{3}}[A]$

② 전선로의 충전 용량 :

$P_c = \sqrt{3} V I_C = 2\pi f C V^2 \times 10^{-3}[kVA]$

여기서, C : 전선 1선당 정전 용량[F],
V : 선간 전압[V],
f : 주파수[Hz]

※ 선로의 충전전류 계산 시 전압은 변압기 결선과 관계없이 상전압 $\left(\frac{V}{\sqrt{3}}\right)$를 적용하여야 한다.

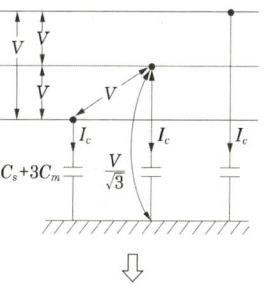

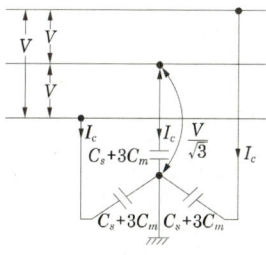

단거리 송전선로 □□□ 기 94,96,07,08,09,11,12,14,17 산 94,96,07,09,10,11,12,14,17,19,21

① 전압강하 $e = \frac{P}{V}(R + X\tan\theta)[V]$

② 전압강하율

$\epsilon = \frac{e}{V} \times 100 = \frac{P}{V^2}(R + X\tan\theta) \times 100[\%]$

③ 전력손실 $P_L = \frac{P^2 R}{V^2 \cos^2\theta}[kW]$

④ 전력손실률 $k = \frac{P_L}{P} \times 100 = \frac{PR}{V^2 \cos^2\theta} \times 100[\%]$

장거리 송전선로 □□□ 기 21

특성임피던스

$$\dot{Z_o} = \sqrt{\frac{\dot{z}}{\dot{y}}} = \sqrt{\frac{r+jx}{g+jb}} ≒ \sqrt{\frac{j\omega L}{j\omega C}} = \sqrt{\frac{L}{C}}$$ 이므로

$$Z_0 ≒ \sqrt{\frac{L}{C}}$$

여기서, L : 작용 인덕턴스, C : 작용 정전용량

전파정수

전파 정수 $\dot{\gamma} = \sqrt{\dot{z}\dot{y}} = \sqrt{(r+jx)(g+jb)}$ [rad/km]

여기서, r : 저항, ω : 각속도, L : 작용 인덕턴스,
C : 작용 정전용량

송전용량의 계산

$$P = \frac{V_s V_r}{X}\sin\delta[MW]$$

여기서 V_S, V_R : 송수전단 전압 [kV],
δ : 송수전단 전압의 위상차,
X : 선로의 리액턴스 [Ω]

페란티 현상 □□□ 기 09

장거리 송전선로가 무부하시에는 분포 정전용량으로 인한 충전전류의 영향이 커져서 전압보다 전류가 앞선 진상전류로 된다. 이때 수전단 전압 $\dot{E_r}$은 오히려 송전단 전압 $\dot{E_s}$보다도 높아지는 현상을 페란티 현상(Ferranti phenomena)이라 한다.

전기(산업)기사 실기

PART 01
한눈에 보는 마인드맵

표준결선도

심벌의 약호, 명칭과 역할

□□□ 기 88,89,99,95,02,03,07,11,12,14,19
산 88,89,95,99,01,02,03,05,06,09,10,11,12,14,15,16,19,20,

명칭	약호	심벌	용도(역할)
케이블 헤드	CH		가공전선과 케이블 단말(종단) 접속
단로기	DS		무부하 전류 개폐, 회로의 접속 변경, 기기를 전로로부터 개방
피뢰기	LA		뇌전류를 대지로 방전하고 속류 차단
전력 퓨즈	PF		단락 전류 차단, 부하 전류 통전
전력수급용 계기용변성기	MOF	MOF	전력량을 적산하기 위하여 고전압과 대전류를 저전압, 소전류로 변성
영상 변류기	ZCT	ZCT	지락전류의 검출
계기용 변압기	PT		고전압을 저전압으로 변성
교류 차단기	CB		부하 전류 및 사고 전류의 차단
트립 코일	TC		보호 계전기 신호에 의해 차단기 개로
계기용 변류기	CT	CT	대전류를 소전류로 변성
접지 계전기	GR	GR	영상 전류에 의해 동작하며, 차단기 트립 코일 여자
과전류 계전기	OCR	OCR	과전류에 의해 동작하며, 차단기 트립 코일 여자
전압계용 전환 개폐기	VS		1대의 전압계로 3상 전압을 측정하기 위하여 사용하는 전환 개폐기
전류계용 전환 개폐기	AS		1대의 전류계로 3상 전류를 측정하기 위하여 사용하는 전환 개폐기
전력용콘덴서 (방전코일내장)	SC	SC	진상 무효 전력을 공급하여 역률 개선
직렬 리액터	SR		제5고조파 제거
컷아웃 스위치	COS		기계 기구(변압기)를 과전류로부터 보호

정식결선도

□□□ 기 90,91,94,95,96,98,01,05,06,07,08,09,17
산 89,95,96,00,05,09

① CB 1차측에 CT를, CB 2차측에 PT를 시설하는 경우

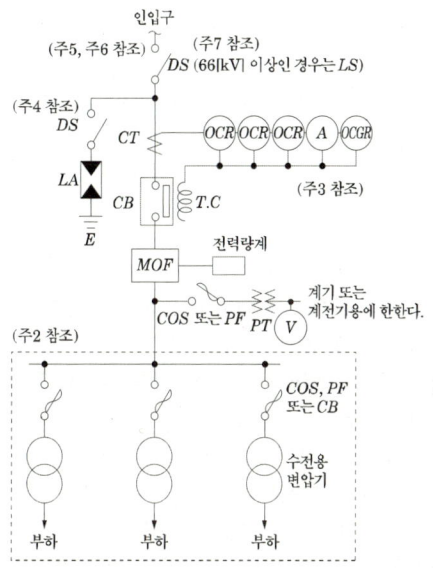

[주1] 22.9 [kV-Y] 1,000 [kVA] 이하인 경우에는 간이 수전 설비 결선도에 의할 수 있다.
[주2] 결선도 중 점선 내의 부분은 참고용 예시이다.
[주3] 차단기의 트립 전원은 직류(DC) 또는 콘덴서 방식(CTD)이 바람직하며 66 [kV] 이상의 수전 설비에는 직류(DC)이어야 한다.
[주4] LA용 DS는 생략할 수 있으며 22.9 [kV-Y]용의 LA는 Disconnector(또는 Isolator) 붙임형을 사용하여야 한다.
[주5] 인입선을 지중선으로 시설하는 경우로서 공동 주택 등 사고시 정전 피해가 큰 수전 설비 인입선은 예비선을 포함하여 2회선으로 시설하는 것이 바람직하다.
[주6] 지중인입선의 경우에 22.9 [kV-Y] 계통은 CNCV-W 케이블(수밀형) 또는 TR CNCV-W(트리억제형)을 사용하여야 한다. 다만, 전력구·공동구·덕트·건물구내 등 화재의 우려가 있는 장소에서는 FR CNCO-W(난연) 케이블을 사용하는 것이 바람직하다.

[주7] DS 대신 자동고장구분 개폐기(7,000 [kVA] 초과시에는 Sectionalizer)를 사용할 수 있으며 66 [kV] 이상의 경우는 LS를 사용하여야 한다.

② CB1차측에 CT와 PT를 시설하는 경우 (CB 1차측의 변압기 설치는 10kVA이하의 경우에 적용가능)

□□□ 산 09

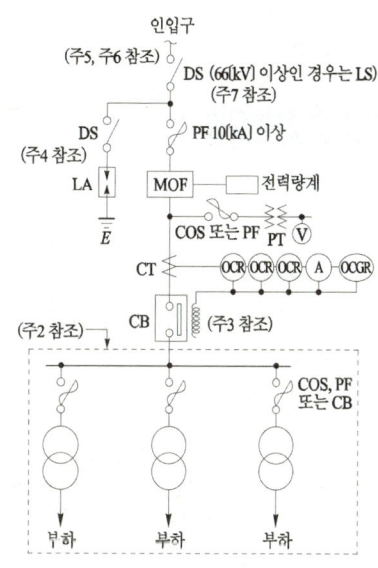

[주1] 22.9 [kV-Y] 1,000 [kVA] 이하인 경우에는 간이 수전 설비 결선도에 의할 수 있다.
[주2] 결선도 중 점선 내의 부분은 참고용 예시이다.
[주3] 차단기의 트립 전원은 직류(DC) 또는 콘덴서 방식(CTD)이 바람직하며 66 [kV] 이상의 수전 설비에는 직류(DC)이어야 한다.
[주4] LA용 DS는 생략할 수 있으며 22.9 [kV-Y]용의 LA는 Disconnector (또는 Isolator) 붙임형을 사용하여야 한다.
[주5] 인입선을 지중선으로 시설하는 경우로서 공동 주택 등 사고시 정전 피해가 큰 수전 설비 인입선은 예비선을 포함하여 2회선으로 시설하는 것이 바람직하다.

수전방식

1회선 수전방식
- 간단하며 경제적이다.
- 주로 소규모 용량에 사용된다.
- 선로 및 수전용 차단기 사고에 대비책이 없다.

2회선 수전방식
- 루프 수전방식
- 평행2회선 수전방식
- 예비선 수전방식

스폿네트워크 수전방식

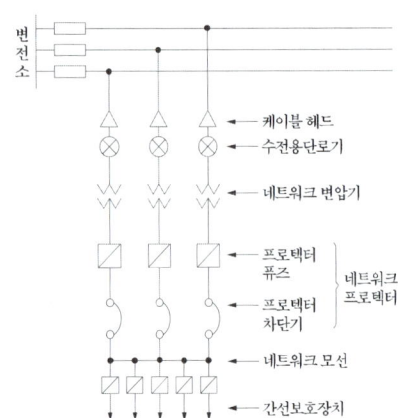

전력회사의 변전소에서 하나의 전기사용장소에 대하여 2회선 이상의 배전선로로 공급하고 각각의 배전선로에 시설된 수전용 네트워크 변압기 2차측을 상시 병렬운전하는 배전방식

특징
- 배전선 1회선, 변압기 뱅크 사고시에도 무정전 전원공급이 가능하다.
- 배전선 정지 및 복구시 변압기 2차측 차단기의 개방 및 투입이 자동적으로 이루어진다.
- 설비중에 1차측 차단기가 필요하지 않다.
- 차단기 대신 단로기로 대치한다.
- 부하증가와 같은 수용 변동의 탄력성이 좋다.
- 대도시 고부하밀도 지역에 적합하다.

스폿네트워크 변압기 용량

네트워크 변압기용량 $= \dfrac{\text{최대 수요 전력[kVA]}}{(\text{수전회선 수}-1)} \times \dfrac{1}{1.3}$

GIS

GIS는 차단기, 단로기, 변성기, 피뢰기 등의 설비를 금속제 탱크 내에 일괄 수납하여 충전부는 고체절연물(스페이서)로 지지하고, 탱크내부에는 절연성능과 소호능력이 뛰어난 SF_6 가스를 일정한 압력으로 충전하고 밀봉한 시스템을 말한다.

특징
- 소형화 할 수 있다.
- 충전부가 완전히 밀폐되어 안정성이 높다.
- 소음이 적고 환경 조화를 기 할 수 있다.
- 대기 중의 오염물의 영향을 받지 않으므로 신뢰도가 높다.
- 조작 중 소음이 적고 라디오 방해전파를 줄여 공해문제를 해결해 준다.
- 공장 조립이 가능하므로 설치공사기간이 단축된다.
- 절연물, 접촉자 등이 육불화황 가스내에 설치되어 보수 점검 주기가 길어진다.

GIS 설치상태 확인
- 접지공사의 적정성
- 인출입 단자의 접속상태 및 배선의 크기
- 외함의 부식 또는 파손 유무
- 가스압력 적정성
- 각종 볼트의 조임상태
- 옥내용 및 옥외용의 적합성
- 투입, 차단 조작력, 공기압-유압 및 스프링 압력의 저장상태
- 인터록 장치의 유지 상태
- 개폐장치의 잠금상태 및 적정성
- 제어함의 유지관리 상태(전압/전류계, 표시램프 등)
- 외함 온도의 적정성

수배전반

개방형
개방형 수전설비는 건물 내 또는 외부에 철골을 조립하고 여기에 단로기, 차단기, 계기용 변성기 등의 기기 및 고저압배선, 고압반, 저압반 등을 장착하여 수전설비를 구성한 것으로 종래에 많이 쓰이던 방식이다. 이 방식은 기기나 배선 등을 직접 눈으로 볼 수가 있어 일상점검에 편리하나, 충전부분이 노출되는 형식으로 위험한 방식의 수전설비에 해당한다. 아래와 같은 특징이 있어 현재에는 잘 사용되지 않는 방식이다.
① 수변전실의 설치에 비교적 넓은 면적이 필요하다.
② 충전부가 노출되어 있기 때문에 위험하다.
③ 옥외형의 경우 염진해등 외부에 대한 영향이 크다.
④ 옥외형의 경우 옥외에 사용하는 기기만을 써야 한다.
⑤ 철골·배선공사 등은 현지에서 시공되어야 한다.

폐쇄형
수전설비를 구성하는 기기를 단위폐쇄 배전반이라 불리는 금속제외 함(函)에 넣어서 수전설비를 구성하는 것으로 아래와 같은 종류가 있다.
- Metal Enclosed Switchgear
- Metal Clad Switchgear
- Cubicle

메탈클래드
큐비클 내부에서 모선실, 차단기실 등을 접지된 금속으로 구획하여 칸을 만든 것을 메탈 클래드라 한다.

큐비클
- CB
- PF-CB
- PF-S

특징
- 충전부는 접지된 금속제 함속에 있으므로 안전하게 운전가능
- 단위 회로마다 구획이 되어 사고가 발생할 경우, 사고 확대가 방지된다.
- 표준화로 제작이 가능하다.
- 호환성이 좋아 시공, 유지보수, 증설이 용이하다.
- 공사현장에서 조립 시공하므로 신뢰도가 높고, 공사기간이 단축된다.
- 전용면적을 줄일 수 있다.
- 차단기 등을 간단하게 인출할 수 있어 기기 보수 점검이 유리하다.

배전반 등의 최소유지거리

위치별 기기별	앞면 또는 조작·계측면	뒷면 또는 점검면	열상호간 (점검하는 면)	기타의 면
특고압 배전반	1.7[m]	0.8[m]	1.4[m]	-
고압 배전반	1.5[m]	0.6[m]	1.2[m]	-
저압 배전반	1.5[m]	0.6[m]	1.2[m]	-
변압기 등	0.6[m]	0.6[m]	1.2[m]	0.3[m]

[비고1] 앞면 또는 조작계측 면은 배전반 앞에서 계측기를 판독할 수 있거나 필요조작을 할 수 있는 최소거리임.

[비고2] 뒷면 또는 점검 면은 사람이 통행할 수 있는 최소 거리임. 무리 없이 편안히 통행하기 위하여 0.9m 이상으로 함이 좋다.

[비고3] 열상호간(점검하는 면)은 기기류의 2열 이상 설치하는 경우를 말하며 배전반 내부의 기기가 설치되는 경우는 이의 인출을 대비하여 내장기기의 최대폭에 적절한 안전거리 (통상 0.3m 이상)를 가산한 거리를 확보하는 것이 좋다.

[비고4] 기타 면은 변압기 등을 벽 등에 연하여 설치하는 경우 최소 확보거리이다. 이 경우도 사람의 통행이 필요할 경우는 0.6m 이상으로 함이 바람직하다.

2장 전기설비설계

용어

용어   □□□ 기 18
- 중성선 : 다선식 전로에서 전원의 중성극에 접속된 전선
- 분기회로 : 간선에서 분기하여 분기과전류차단기를 거쳐서 부하에 이르는 사이의 배선
- 등전위본딩 : 등전위성을 얻기 위해 전선간을 전기적으로 접속하는 조치
- 변전소 : 밖으로 부터 전송받은 전기를 변전소 안에 시설한 변압기, 전동발전기, 회전변류기, 정류기 등 기계기구를 이용하여 변성하는 곳
- 개폐소 : 개폐기 및 기타장치에 의해 전로를 개폐하는 곳
- 급전소 : 전력계통의 운용에 관한 지시 및 급전조작을 하는 곳
- 점멸기 : 전등 등의 점멸에 사용하는 개폐기를 말한다.
- 단로기 : 회로를 수리 및 점검시 전원으로 부터 분리할 목적으로 사용하는 개폐기를 말한다.
- 차단기 : 과부하, 단락 등의 이상상태가 되면 회로를 차단하는 장치를 말한다.
- 전자접촉기 : 전자석으로 제어되는 개폐기로, 대전류 개폐에 사용하는 접촉기를 말한다.
- 간선 : 인입구에서 분기과전류차단기에 이르는 배선으로서 분기회로의 분기점에서 전원측 부분을 말한다.
- 단락전류 : 전로의 선간 임피던스가 적은 상태로 접촉되어 그 부분을 통하여 흐르는 큰 전류
- 사용전압 : 보통의 상태에서 그 회로에 가하여지는 선간전압을 말한다.

대지전압
- 접지식전로 : 전선과 대지 사이의 전압
- 비접지식전로 : 전선과 그 전로중의 임의의 다른 전선사이의 전압

설계 시 고려사항

수변전실의 위치선정
- 부하중심에 가까울 것
- 배전선로에 가까운 곳으로 부터 수전할 수 있을 것
- 기기의 운반 수리가 용이 할 것
- 보수 관리에 지장이 없는 곳일 것
- 장래 부하증설을 대비하여 기기의 반입 반출이 쉬운 곳 일 것
- 침수 우려가 없고, 환기가 잘 되는 곳 일것
- 발전기실, 축전지실 등과 관련성을 고려하여 이들과 인접한 장소 일 것

기기배치시 고려사항
① 보수점검이 용이할 것
② 안정성이 높을 것
③ 합리적 배치로 배선이 경제적일 것
④ 기기의 반출, 반입에 지장이 없을 것
⑤ 증설계획에 지장이 없을 것
⑥ 미적·기능적 배치가 되도록 할 것

주회로 결선방식을 결정할 경우 고려사항
㉠ 수전방식
㉡ 모선방식
㉢ 변압기의 뱅크수와 뱅크 용량 및 단상 3상별
㉣ 배전전압 및 방식
㉤ 비상용 또는 예비용 발전기를 시설할 경우 수전과 발전과의 절환방식
㉥ 사용기기의 결정

수변전실의 넓이   □□□ 기 18
(1) 변전실의 면적 $m^2 = k(변압기 용량 kVA)^{0.7}$
   k의 값 : 특고 → 고압이면 1.7
   특고 → 저압이면 1.4
   고압 → 저압이면 1.0
(2) 변전실의 면적 $m^2 = 3.3\sqrt{변압기용량 kVA} \times a$
   a의 값 : 건물면적 $6,000m^2$까지 2.7
   건물면적 $10,000m^2$까지 3.6
   건물면적 $10,000m^2$이상 5.5
(3) 변전실의 면적 $m^2 = 2.15 \times (변압기용량 kVA)^{0.52}$

발전기실의 설계시 환경적 고려사항
- 발전기와 굴뚝 또는 배기관 사이의 길이는 가능한 한 짧게 하며 길이가 길어지는 경우는 배압(Back Pressure)을 고려하여 단면적을 정한다.
- 급기 및 배기 덕트는 가능한 한 짧게 하고, 배기된 공기가 재 급기되지 않도록 충분히 이격하며, 디젤기관의 라디에이터 냉각방식이나 가스터빈 발전기인 경우 다량의 공기를 필요로 하므로 외기 도입이 용이한 위치에 설치한다.
- 급유 및 통기관의 인출이 용이한 장소로 한다.
- 수냉식 엔진을 사용하는 경우 냉각수의 보급 및 배수가 쉬운 장소로 한다.
- 발전기실에는 발전기에 사용하는 것 이외에 가스, 물, 연료 등의 배관을 설치하지 않아야 한다.
- 화재, 폭발, 염해의 우려가 있거나 부식성, 유독성 가스가 체류하는 장소는 회피한다.
- 발전설비의 배기관, 배기덕트의 소음이 거실이나 다른 건축물에 영향을 주지 않아야 한다.

최대전력억제   □□□ 기 18
- 부하의 피크커트 제어
- 부하의 피크시프트 제어
- 디맨드제어 장치의 이용
- 자가용 발전설비의 가동에 의한 피크제어
- 분산형 전원에 의한 제어방식
- 설비부하의 프로그램 제어방식

기본설계시 고려사항   □□□ 기 08,10
- 설비용량
- 수전전압 및 수전방식
- 주회로 결선방식
- 감시제어 방식
- 설비의 형식
- 수변전실과 발전기실 및 중앙감시제어실 등의 위치와 크기

계약전력의 추정   □□□ 기 18
- 1차 변압기 표시 용량의 합계 kVA = kW
- 델타 또는 Y 결선
  : 결선된 단상변압기 용량의 합계

V 결선
- 동일 용량 V결선한 경우
  : 단상변압기 용량 합계의 86.6%
- 다른 용량의 변압기 V결선한 경우
  : (A-B) + (B×2×0.866)

1장 전력계통

배전선로

전기의 품질 □□□ 산 08,17,22

표준전압·표준주파수 및 허용오차(제18조관련)
1. 표준전압 및 허용오차

표준전압	허용오차
110 볼트	110볼트의 상하로 6볼트 이내
220 볼트	220볼트의 상하로 13볼트 이내
380 볼트	380볼트의 상하로 38볼트 이내

2. 표준주파수 및 허용오차

표준 주파수	허용오차
60 헤르츠	60헤르츠 상하로 0.2헤르츠 이내

부하중심점까지의 거리 □□□ 기 85,96,99,10,13,16,17,19,22 산 85,96,98,99,00,02,06,11,13,16,19,21,23

- $L = \dfrac{L_1 I_1 + L_2 I_2 + L_3 I_3}{I_1 + I_2 + I_3}$

리클로저와 섹쇼널라이저 □□□ 기 17

- 리클로저 : 사고 발생시 신속하게 고장구간을 차단하고 사고점의 아크를 소멸 시킨 후 즉시 재투입 가능한 개폐장치
- 섹쇼널라이저 : 보안상 책임분계점에서 보수 점검 시 전로를 개폐하기 위해 시설, 무부하 상태에서 개방하면 안된다.

플리커 □□□ 기 04,11,14,16

전원측 대책
- 전용계통으로 공급
- 단락용량이 큰 계통에서 공급
- 전용변압기로 공급
- 공급 전압을 승압

부하측 대책

전원계통에서 리액터분을 보상하는 방법
- 직렬 콘덴서 방식
- 3권선 보상 변압기 방식

전압강하를 보상하는 방법
- 부스터 방식
- 상호 보상 리액터 방식

부하의 무효전력 변동분을 흡수하는 방식
- 동기조상기와 리액터 방식
- 사이리스터 이용 콘덴서 개폐 방식
- 사이리스터용 리액터방식

플리커 부하 전류의 변동분을 억제하는 방식
- 직렬 리액터 방식
- 직렬 리액터 가포화 방식

모선보호

전류차동계전방식
- 모선의 유입전류와 유출전류의 총계가 서로 다르게 되면 고장을 검출한다.
- 각 모선에 설치된 변류기의 2차 회로를 차동접속하고 과전류 계전기를 설치한 것

전압차동계전방식
- 모선내 고장이 생긴 경우 계전기에 높은 전압이 인가되어 동작하여 고장을 검출한다.
- 각 모선에 설치된 변류기의 2차 회로를 차동접속하고 임피던스가 큰 전압계전기를 설치한 것

위상비교계전방식
- 모선에 접속된 각 회선의 전류 위상을 비교하여 모선 내부 고장과 외부 고장여부를 판별한다.

방향비교계전방식
- 어느 회선으로부터 고장전류가 유입되는지를 파악하여 내부고장과 외부고장을 판별한다.
- 모선에 접속된 각 회선의 전력방향계전기 또는 거리방향계전기를 설치한 것

절연내력시험

시험전압 □□□ 기 02,03,11,14,16,17,18,21,23 산 86,96,01,03,04,09,13,17,19

최대 사용 전압	시험 전압	최저 시험 전압	예
7[kV] 이하	1.5배	500[V]	6,000 → 9,900
7[kV] 초과 25[kV] 이하 중성점 다중 접지 방식	0.92배		22,900 → 21,068
7[kV] 초과 비접지식 모든 전압	1.25배	10,500[V]	66,000 → 82,500
60[kV] 초과 중성점 접지식	1.1배	75,000[V]	66,000 → 72,600
60[kV] 초과 중성점 직접 접지식	0.72배		154,000 → 110,880 345,000 → 248,400
170[kV] 넘는 중성점 직접 접지식 구내에만 적용	0.64배		345,000 → 220,800

2장 전기설비설계

전력퓨즈

퓨즈의 선정

정격전압

계통전압[kV]	퓨즈의 정격	
	퓨즈 정격전압[kV]	최대설계전압[kV]
6.6	6.9 또는 7.5	－ 8.25
6.6/11.4 Y	11.5 또는 15.0	－ 15.5
13.2	15.0	15.5
22 또는 22.9	23.0	25.8
66	69.0	72.5
154	161.0	169

[주] 정격전압 표시방법은 각국(各國)에 따라 다르며 상기는 예시 규격이다.

정격전류

- 1, 2, 3, 5, 7, 10, 15, 20, 25, 30, 40, 50, 65, 80, 100, 125, 150, 200, 250, 300, 400A
- 온도 상승의 한도를 넘지 않고 연속적으로 흘릴 수 있는 전류의 실효값

변성기

전력수급용 계기용 변성기　□□□ 기 85,93 산 12

기능
사용전력량을 측정하기 위하여 변류기와 계기용 변압기를 한탱크 내에 수납한 것을 말한다.

과전류강도
- 기기의 설치점에서 단락전류에 의해 계산
- 22.9kV급에서는 60A 이하 75배로 하고 계산값이 75배 이상인 경우에는 150배로 적용
- 60A 초과시 과전류 강도는 40배로 적용
- 과전류강도 (전기사업자규격)

	6.6/3.3 kV	22.9 / 13.2 kV
60A 이하	75배	75배
60A 초과 500A 미만	40배	40배
500A 이상	40배	40배

① MOF의 과전류강도는 기기 설치점에서 단락전류에 의해 계산 적용하되, 22.9kV급으로서 60[A] 이하의 MOF최소 과전류강도는 전기사업자 규격에 의한 75배로 하고, 계산한 값이 75배 이상인 경우에는 150배로 적용하며, 60[A] 초과 시 MOF 과전류강도는 40배로 한다.
② MOF 전단에 한류형 전력퓨즈를 설치하였을 때는 그 퓨즈로 제한되는 단락전류를 기준으로 과전류강도를 계산하여 상기 ①과 같이 적용한다.
③ 다만, 수요자 또는 설계자의 요구에 의하여 MOF 또는 CT의 과전류강도를 150배 이상으로 요구하는 경우는 그 값을 적용한다.
④ CT의 과전류강도는 기기 설치점에서 단락전류에 대한 과전류 강도 계산 값을 적용한다.

변류기
□□□ 기 94,97,98,00,03,09,11,13,15,16,17,18,19,21,23
　　산 89,93,94,97,98,99,00,03,05,06,08,11,13,15,16,17,18,19,20,21,22,23

선정방법
- 1차 전류를 구한다.
- 여유율을 적용한다. (1.25~1.5배)
- 표준규격을 선정한다.
  1차표준 : 5 10 15 20 30 40 50 75 100 150 200 300 400 500
  2차표준 : 5

부담
변류기 2차측 단자간에 접속되는 부하의 한도를 말한다.

역할
회로의 대전류를 소전류로 변성하여 계기나 계전기에 공급하기 위한 목적으로 사용한다.

과전류강도

열적 과전류강도
변류기에 손상을 주지 않고 1초동안 1차에 흘릴 수 있는 전류의 최대값 kA

$$S = \frac{S_n}{\sqrt{t}} [kA]$$

여기서, S : 통전시간 t초에 대한 열적과전류 강도
S_n : 정격과전류 강도[kA]
t : 통전시간[Sec]

기계적 과전류강도
정격 과전류강도에 해당하는 1차전류(실효값)의 2.5배에 상당하는 값으로 한다.

비오차

비오차 = $\dfrac{\text{공칭변류비} - \text{측정변류비}}{\text{측정변류비}} \times 100 [\%]$

공칭변류비와 측정변류비 사이에서 얻어지는 백분율 오차

2차측 전류계 교체
2차측 단락하다.
변류기 2차측을 개방하면 변류기 1차측의 부하전류가 모두 여자전류가 되어 변류기 2차측에 고전압이 유기되어 변류기의 절연이 파괴된다.

변류기 2차 개방시 문제점
2차측에 과전압이 발생한다.
2차측 권선이 절연파괴 된다.

AS
3상 각 상의 전류를 1대의 전류계로 측정하기 위한 절환 개폐기

포화점(Knee Point)
CT의 1차권선을 개방하고 2차권선에 정격주파수 교류 선압을 가하여 시시히 증가시키면서 여자전류를 측정할 때 여자전압이 10% 증가할 때 여자전류가 50% 증가되는 점을 포화점이라 한다.

피뢰기

피뢰기의 선정 □□□ 기 01,07,09,11,17,19,22 산 95,00,09,14

정격전압
- 속류를 차단할 수 있는 교류 최고전압
- 정격전압 = 접지계수 × 여유도 × 계통최고전압
- 288, 144, 72, 24, 21(22.9로 수전하는 경우 18kV)

공칭방전전류

공칭방전 전류	설치 장소	적용조건
10,000[A]	변전소	1. 154[kV] 계통 이상 2. 66[kV] 및 그 이하 계통에서 뱅크용량 3,000[kVA]를 초과하거나 특히 중요한 곳 3. 장거리 송전선 케이블(배전선로 인출용 단거리 케이블은 제외) 및 정전축전기 뱅크를 개폐하는 곳 4. 배전선로 인출측(배전간선 인출용 장거리 케이블 제외)
5,000[A]	변전소	66[kV] 및 그 이하 계통에서 뱅크 용량 3,000[kVA]를 이하인 곳
2,500[A]	선로	배전선로

구조 : 직렬갭과 특성요소 □□□ 기 05,10 산 05,10

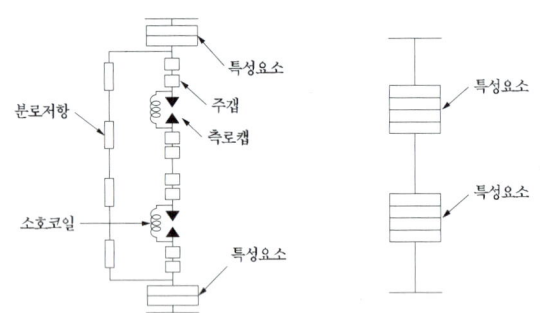

접지선의 굵기 □□□ 기 04,15,16,18,21

표준 굵기의 전선으로 선정한다.

$$S = \frac{\sqrt{I^2 t}}{k}$$

S : 단면적[mm^2]
I : 보호장치를 통해 흐를 수 있는 예상고장전류[A]
t : 자동차단을 위한 보호장치 동작시간(s)

DISC(디스커넥터) □□□ 기 16,20

기능
피뢰기 고장시 계통은 지락사고 등의 고장상태가 될 수가 있다. 따라서 이러한 경우에 피뢰기 접지측을 대지로부터 분리시키는 역할을 한다.

접지 □□□ 기 16,19

접지저항은 10[Ω] 이하로 하여야 한다.

피뢰기 정기점검 항목 □□□ 산 17

- 1차측, 2차측 단자 및 단자볼트 이상유무 점검
- 애자부분 손상여부 점검
- 절연저항 측정
- 접지저항 측정

전력퓨즈

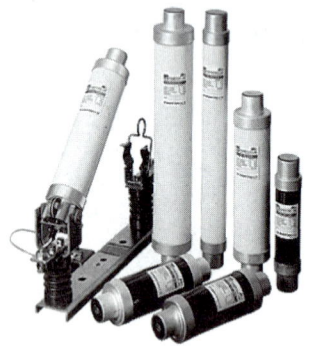

기능 □□□ 기 18 산 94,98,00,02,06

- 부하전류를 안전하게 통전한다.
- 일정치 이상의 과전류를 차단하여 선로나 기기를 보호한다.

특성 □□□ 기 88,93,96,97,98,99,00,02,03,06,13,16 산 93,96,13

- 용단특성
- 전차단특성
- 단시간허용특성

① 용단 특성
Fuse에 전류가 흐르기 시작하여 용단할 때까지의 전류와 시간과의 관계를 나타낸 특성으로 시간은 규약시간, 전류는 규약전류로 나타낸다.

② 전차단 특성
정격전압이 인가된 상태에서 Fuse가 용단,발호하고 아크가 완전히 소호할 때까지의 전류와 시간과의 관계를 말한다.

- 전차단시간
  - 한류형의 경우 : 용단시간(0.1Hz) + 아크시간(0.4Hz) = 0.5Hz
  - 비 한류형의 경우 : 용단시간(0.1Hz) + 아크시간(0.55Hz) = 0.65Hz

③ 단시간 허용 특성
Fuse를 정해진 조건으로 사용하는 경우 열화되는 일이 없이 그 Fuse에 흐를 수 있는 전류와 시간과의 관계를 나타내는 특성.

한류퓨즈 □□□ 기 90,94,95,97 산 89,94,98,00,02,06,09,12,13,17,18,19

특징
- 소형으로 큰 차단용량을 갖는다.
- 단락전류 제한효과가 크다.
- 차단시간이 짧으므로 과전압이 발생한다.
- 최소 차단전류 영역이 있다.
- 전 차단시간은 1/4 사이클 정도이다.
- 전압 0점에서 차단이 된다.

단점
- 재투입 할 수 없다.
- 과도 전류로 용단되기 쉽고 결상을 일으킬 염려가 있다.
- 동작시간, 전류특성을 자유로이 조정할 수 없다.
- 비보호 영역이 있다.

비한류퓨즈

특징
- 엘리멘트가 용단된 후 발생하는 아크열에 의해 생성되는 소호가스를 분출구를 통하여 방출한다.
- 전류0점에서 차단한다.

COS

- 변압기의 과전류 보호 및 선로로부터 개폐하기 위해 설치
- 일반적으로 변압기 정격전류의 1.5배로 선정한다.
- 전류 0점에서 차단하므로 과전압이 발생하지 않는다.
- 용단되면 반드시 차단하므로 과부하 보호가 가능하다.
- 한류 효과가 적다.

인입관계기기

라인스위치(선로개폐기) □□□ 기 17
라인스위치는 책임분계점에서 전로를 구분하기 위한 개폐기로 시설한다. 최근에는 22.9kV-Y 자가용 수전설비에는 잘 사용되지 않으며, 66kV 이상의 경우 단로기 대신 사용한다. 라인스위치(선로개폐기)는 반드시 무부하 상태로 개방하여야 하며, 단로기와 같은 용도로 사용한다. 라인스위치는 조작봉에 의하여 조작하여야 하며 반드시 시건장치를 하여 안전사고를 예방해야 한다.

장소
- 66kV 이상의 수전실 인입구에 설치한다.
- 정격전압에서 선로의 충전전류를 개폐한다.
- 3상을 동시에 개폐한다.

기중부하개폐기(인터럽터 스위치) □□□ 기 98,12
수동 조작만 가능하고, 과부하시 자동으로 개폐할 수 없고, 돌입 전류 억제 기능을 가지고 있지 않으며, 용량 300[kVA] 이하에서 ASS 대신에 주로 사용한다.

정격
- 25.8kV
- 600 A

장소
- 수전실 구내 인입구에 설치한다.
- 고장전류는 차단할 수 없다.

자동부하전환개폐기 ALTS □□□ 기 18,21
특고압측에서 수용가 인입구에 사용되며, 변전소로부터 두개의 회선으로 공급받아 주전원 정전시 예비전원으로 절체한다.

ATS (Automatic Transfer Switch)
ALTS와 ATS는 정전사고를 대비하기 위해 사용되는 전력기기이다. ALTS는 특고압측에서 수용가 인입구에서 사용되어 변전소로부터 두개의 회선으로 공급받아 주전원 정전시 예비전원으로 절체된다. ATS는 저압측(변압기2차측)에 설치되어 정전이 발생하였을 경우 변압기 상호간 절체 또는 중요 부하에 발전기를 작동시켜서 전원을 공급하는 자동 절체 스위치이다. 따라서 ATS에서는 예비 전원이 발전기에서 전원이 공급된다.

부하개폐기 LBS □□□ 기 15,16 산 16
수변전실 인입구 개폐기로 사용되며, 부하전류를 개폐할 수 있고, 고장전류를 차단할 수 없으므로 한류퓨즈와 직렬로 사용한다.

정격
24kV(25.8), 600A

특징
- 부하전류 개폐 및 통전
- 여자전류, 충전전류, 콘덴서 전류 개폐 및 통전
- 수전실 인입구에 설치

단로기 □□□ 기 94 산 92,93,96,97,98,00,01,03,04,06,10,11,12,14,15,20
단로기는 무전압이나 무전류에 가까운 상태에서 안전하게 전로를 개폐하는 장치를 말한다. 기기의 점검을 위해 회로를 일시 전원에서 끊기 위한 개폐기로 사용되며, 부하전류는 개폐할 수 없다.

용도
- 부하를 전로로부터 완전히 개방할 경우
- 전로의 접속을 변경하는 경우

차단기와 인터록
차단기가 열려 있어야 단로기를 열고 닫을 수 있다.

정격전압
24, 25.8, 168kV

피뢰기

설치위치 □□□ 기 14,16,20,23 산 09
- 발전소 인출구
- 변전소 인입 및 인출구
- 특고압 수용장소의 인입구
- 가공전선로와 지중전선로가 만나는 곳

역할
뇌전류 및 이상전압으로부터 전기기계기구를 보호한다.

기능
이상전압의 내습시 이를 신속하게 대지로 방전하고 속류를 차단한다.

구비조건 □□□ 기 94,04,14,15,16 산 94,99,04,08,14,15,16,19,23
- 상용주파 방전 개시전압이 높을 것
- 충격파 방전개시전압이 낮을 것
- 제한전압이 낮을 것
- 속류차단능력이 클 것

속류
방전 종료후 계속해서 피뢰기를 통해 흐르는 상용주파의 전류를 말한다.

제한전압
- 피뢰기 동작 중 피뢰기 단자에 남게되는 충격전압
- 충격파 전류가 흐르고 있을 때 피뢰기 단자전압을 말한다.

충격방전개시전압
피뢰기 단자간에 충격전압을 인가하였을 때 방전을 개시하는 전압

2장 전기설비설계

표준결선도

[주6] 지중인입선의 경우에 22.9 [kV-Y] 계통은 CNCV-W 케이블(수밀형) 또는 TR CNCV-W(트리억제형)을 사용하여야 한다. 다만, 전력구·공동구·덕트·건물구내 등 화재의 우려가 있는 장소에서는 FR CNCO-W(난연) 케이블을 사용하는 것이 바람직하다.

[주7] DS 대신 자동고장구분 개폐기(7,000 [kVA] 초과 시에는 Sectionalizer)를 사용할 수 있으며 66 [kV] 이상의 경우는 LS를 사용하여야 한다.

③ CB 1차측에 PT를 CB 2차측에 CT를 시설하는 경우

□□□ 산 91,94,95,00,01,05,07

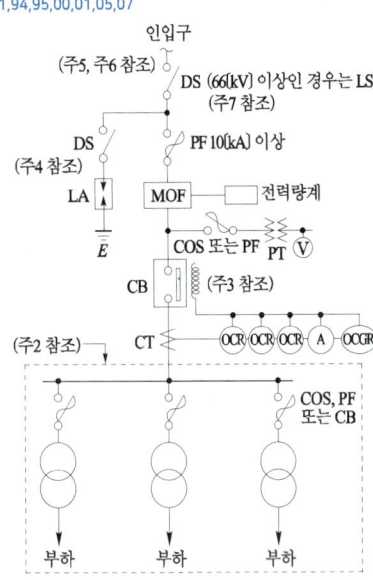

[주1] 22.9 [kV-Y] 1000 [kVA] 이하인 경우에는 간이 수전 설비 결선도에 의할 수 있다.
[주2] 결선도 중 점선내의 부분은 참고용 예시이다.
[주3] 차단기의 트립 전원은 직류(DC) 또는 콘덴서 방식(CTD)이 바람직하며 66 [kV] 이상의 수전 설비에는 직류(DC)이어야 한다.
[주4] LA용 DS는 생략할 수 있으며 22.9 [kV-Y]용의 LA는 Disconnector(또는 Isolator) 붙임형을 사용하여야 한다.
[주5] 인입선을 지중선으로 시설하는 경우로서 공동 주택 등 사고시 정전 피해가 큰 수전 설비 인입선은 예비선을 포함하여 2회선으로 시설하는 것이 바람직하다.

[주6] 지중인입선의 경우에 22.9 [kV-Y] 계통은 CNCV-W 케이블(수밀형) 또는 TR CNCV-W(트리억제형)을 사용하여야 한다. 다만, 전력구·공동구·덕트·건물구내 등 화재의 우려가 있는 장소에서는 FR CNCO-W(난연) 케이블을 사용하는 것이 바람직하다.

[주7] DS 대신 자동고장구분 개폐기(7000 [kVA] 초과 시에는 Sectionalizer)를 사용할 수 있으며 66 [kV] 이상의 경우는 LS를 사용하여야 한다.

□□□ 기 98,04,08,09,15 산 98,01,08,13,15,18,19,20,23

간이결선도

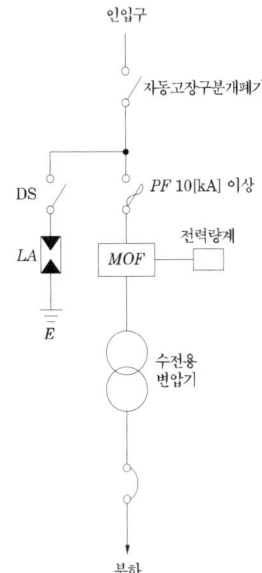

229[kV-Y] 1,000[kVA] 이하를 시설하는 경우
[주1] LA용 DS는 생략할 수 있으며 22.9 [kV-Y]용의 LA는 Disconnector(또는 Isolator) 붙임형을 사용하여야 한다.
[주2] 인입선을 지중선으로 시설하는 경우로서 공동 주택 등 사고시 정전 피해가 큰 수전 설비 인입선은 예비선을 포함하여 2회선으로 시설하는 것이 바람직하다.
[주3] 지중인입선의 경우에 22.9[kV-Y] 계통은 CNCV-W케이블(수밀형) 또는 TR CNCV-W(트리억제형)을 사용하여야 한다. 다만, 전력구·공동구·덕트·건물구내 등 화재의 우려가 있는 장소에서는 FR CNCO-W(난연) 케이블을 사용하는 것이 바람직하다.

[주4] 300[kVA] 이하인 경우 PF 대신 COS(비대칭 차단 전류 10[kA] 이상의 것)을 사용할 수 있다.
[주5] 간이 수전 설비는 PF의 용단 등에 의한 결상 사고에 대한 대책이 없으므로 변압기 2차측에 설치되는 주차단기에는 계전기 등을 설치하여 결상 사고에 대한 보호 능력이 있도록 함이 바람직하다.

인입관계기기

□□□ 기 98.03

자동고장구분개폐기 ASS

기능
- 계수기능
- 과부하보호기능
- 축세트립기능
- 돌입전류에 의한 오동작 방지기능
- 과전류 LOCK기능
- 순간적인 무전압 개방
- 재폐로 기능

LOCK 전류
800A +/- 10%

LOCK 전류의 기능
정격 LOCK전류(800A)발생 시 개폐기는 LOCK되며 후비보호장치 차단 후 개폐기 ASS가 개방되어 고장구 간을 자동 분리하는 기능

장소
- 전기사업자측 공급선로 분기점
- 수전실 구내 인입구
- 자가용선로
- 22.9[kV] 1000[kVA] 이하 수전설비의 인입구 개폐기

최소동작전류 정정
상 최소 동작전류는 최대 부하전류의 2~3배로 선정한다.
- 7 10 15 20 30 50 70 100 140 200A

설치장소
① 전기사업자측 공급선로 분기점
② 수전실 구내 인입구
③ 자가용선로

옥내배선

5. 기기

명칭	그림기호	적요
룸 에어컨	RC	① 옥외 유닛에는 O을, 옥내 유닛에는 I를 표기한다. RC_O, RC_I ② 필요에 따라 전동기, 전열기의 전기 방식, 전압, 용량 등을 표기한다.
소형 변압기	T	① 필요에 따라 용량, 2차 전압을 표기한다. ② 필요에 따라 벨 변압기는 B, 리모콘 변압기는 R, 네온 변압기는 N, 형광등용 안정기는 F, HID등(고효율 방전등)용 안정기는 H를 표기한다. T_B, T_R, T_N, T_F, T_H ③ 형광등용 안정기 및 HID등용 안정기로서 기구에 넣는 것은 표시하지 않는다.

6. 개폐기

명칭	그림 기호	적요
전력량계	Wh	① 필요에 따라 전기방식, 전압, 전류 등을 표기한다. ② 그림기호 Wh 는 WH 로 표시하여도 좋다.
전력량계 (상자들이 또는 후드붙이)	WH	① 전력량계의 적요를 준용한다. ② 집합계기상자에 넣는 경우는 전력량계의 수를 표기한다. 【보기】 WH_{12}
변류기(상자들이)	CT	필요에 따라 전류를 표기한다.
전류 제한기	L	① 필요에 따라 전류를 표기한다. ② 상자들이인 경우는 그 뜻을 표기한다.
누전 경보기	$\bigotimes_G$	필요에 따라 종류를 표기한다.
누전 화재 경보기 (소방법에 따르는 것)	$\bigotimes_F$	필요에 따라 급별을 표기한다.
지진 감지기	EQ	필요에 따라 동작특성을 표기한다. 【보기】 $EQ_{100\sim170cm/s}$ $EQ_{100\sim170Gal}$

7. 배전반, 분전반, 제어반

명칭	그림기호	적요
배전반, 분전반 및 제어반	□	① 종류를 구별하는 경우는 다음과 같다. • 배전반 ⊠ • 분전반 ◣ • 제어반 ⊠ ② 직류용은 그 뜻을 표기한다. ③ 재해 방지 전원 회로용 배전반 등인 경우는 2중 틀로 하고 필요에 따라 종별을 표기한다. 【보기】 ⊠₁종 ◣₁종

2장 전기설비설계

옥내배선

심볼 ☐☐☐ 기 96,99,00,03,11 산 93,94,95,97,98,99,00,01,02,03,05,07,16,17

1. 점멸기

명칭	그림기호	적 요

점멸기	●	① 용량의 표시 방법은 다음과 같다.
		  • 10 [A]는 표기하지 않는다.
		  • 15 [A] 이상은 전류값을 표기한다. → ●$_{15A}$
		② 극수의 표시 방법은 다음과 같다.
		  • 단극은 표기하지 않는다.
		  • 2극 또는 3로, 4로는 각각 2P 또는 3, 4의 숫자를 표기한다.
		  【보기】 ●$_{2P}$ ●$_3$
		③ 방수형은 WP를 표기한다. → ●$_{WP}$
		④ 방폭형은 EX를 표기한다. → ●$_{EX}$
		⑤ 타이머 붙이는 T를 표기한다. → ●$_T$

조광기	✦	용량을 표시하는 경우는 표기한다. 【보기】 ✦$_{15A}$

2. 등기구(일반용)

☐☐☐ 기 95,96,98,01,02,16 산 95,96,98,99,01,02,03,04,06,12,16

명 칭	그림기호	적 요

일반용
조 명
백열등
HID등
	○	① 벽붙이는 벽 옆을 칠한다. ◐
		② 걸림 로제트만 ○
		③ 팬던트 ⊖
		④ 실링·직접 부착 ⓒL
		⑤ 샹들리에 ⓒH
		⑥ 매입 기구 ⓓL (◎로 하여도 좋다.)
		⑦ 옥외등은 ⓒ로 하여도 좋다.
		⑧ HID등의 종류를 표시하는 경우는 용량 앞에 다음 기호를 붙인다.
		  • 수은등 H
		  • 메탈 헬라이드등 M
		  • 나트륨등 N
		【보기】H400

형광등	▭	① 용량을 표시하는 경우는 램프의 크기(형)×램프 수로 표시한다. 또, 용량 앞에 F를 붙인다. 【보기】F40 F40×2 ② 용량 외에 기구수를 표시하는 경우는 램프의 크기(형)×램프 수-기구 수로 표시한다. 【보기】F40-2 F40×2-3

3. 등기구(비상용)

명칭	그림 기호	적 요
비상용 조명 (건축기준법에 따르는 것) 백열등	●	① 일반용 조명 백열등의 적요를 준용한다. 다만, 기구의 종류를 표시하는 경우는 표기한다. ② 일반용 조명 형광등에 조립하는 경우는 다음과 같다. ▭●
형 광 등	▬●▬	① 일반용 조명 백열등의 적요를 준용한다. 다만, 기구의 종류를 표시하는 경우는 표기한다. ② 계단에 설치하는 통로 유도등과 겸용인 것은 ▬◐▬로 한다.
유도등 (소방법에 따르는 것) 백열등	⊗	① 일반용 조명 백열등의 적요를 준용한다. ② 객석 유도등인 경우는 필요에 따라 S를 표기한다. ⊗$_S$

4. 콘센트

☐☐☐ 기 95,96,00,02,05 산 93,94,95,96,98,99,00,01,02,03,04,05,07,17,22

명칭	그림 기호	적 요

콘센트	⊙	① 천장에 부착하는 경우는 다음과 같다. ⊙
		② 바닥에 부착하는 경우는 다음과 같다. ⊙
		③ 용량의 표시 방법은 다음과 같다.
		  • 15 [A]는 표기하지 않는다.
		  • 20 [A] 이상은 암페어 수를 표기한다.
		  【보기】 ⊙$_{20A}$
		④ 2구 이상인 경우는 구수를 표기한다.
		  【보기】 ⊙$_2$
		⑤ 3극 이상인 것은 극수를 표기한다.
		  【보기】 ⊙$_{3P}$
		⑥ 종류를 표시하는 경우는 다음과 같다.
		  • 빠짐 방지형 ⊙$_{LK}$
		  • 걸림형 ⊙$_T$
		  • 접지극붙이 ⊙$_E$
		  • 접지단자붙이 ⊙$_{ET}$
		  • 누전 차단기붙이 ⊙$_{EL}$
		⑦ 방수형은 WP를 표기한다. ⊙$_{WP}$
		⑧ 방폭형은 EX를 표기한다. ⊙$_{EX}$
		⑨ 의료용은 H를 표기한다. ⊙$_H$

2장 전기설비설계

접지설비

- **변압기 중성점 접지** □□□ 산 94
  - **목적**
    고저압 혼촉에 의한 저압측 전위상승을 억제하여 저압측 기계 기구의 절연을 보호한다.
  - **정전기** □□□ 산 02
    - **정전기 대전의 종류**
      - 마찰에 의한 대전
      - 박리에 의한 대전
      - 유동에 의한 대전
    - **발생억제 2가지**
      도체와 대지사이를 전기적으로 접지
      대전물체의 표면을 금속 또는 도전성 물질로 덮어 차폐

피뢰설비

- **피뢰등급** □□□ 기 21
  - **피뢰등급과 관계있는 데이터**
    - 뇌파라미터
    - 회전구체의 반경, 메시의 크기 및 보호각
    - 인하도선사이 및 환상도체사이의 전형적인 최적거리
    - 위험한 불꽃 방전에 대비한 이격거리
    - 접지극의 최소길이
  - **피뢰등급과 관계없는 데이터**
    - 피뢰등전위본딩
    - 수뢰부시스템으로 사용되는 금속판과 금속관의 최소 두께
    - 피뢰시스템의 재료 및 사용조건
    - 수뢰부시스템, 인하도선, 접지극의 재료, 형상 및 최소치수
    - 접속도체의 최소치수
- **수뢰부 시스템** □□□ 산 21
  - 돌침
  - 수평도체
  - 메시도체
- **피뢰 시스템** □□□ 산 21
  - 보호각법
  - 회전구체법
  - 메시법
- **서지보호기 SPD** □□□ 산 09,16,18,20
  - **기능에 따른 분류**
    - 전압스위치형 SPD
    - 전압제한형 SPD
    - 조합형 SPD
  - **구조에 따른 분류**
    - 1포트 SPD
    - 2포트 SPD

옥내배선

- **최소전선**
  NR 2.5 mm² 연동선
- **누전차단기** □□□ 기 08,16 산 03,08,15,16
  - **욕실**
    정격감도전류 15mA 이하 동작시간 0.03초 이하 전류 동작형 인체감전보호용 누전차단기
- **감전보호** □□□ 산 98,01,12

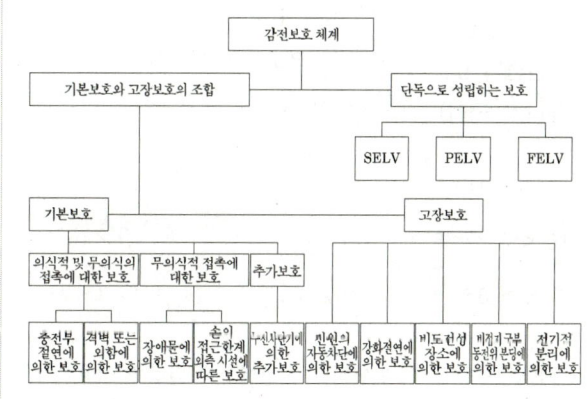

1. 직접접촉예방
전기설비가 정상으로 운영하고 있는 상태에서 전기설비에 사람 또는 동물이 접촉되는 경우를 대비하여 감전예방을 위한 보호
① 충전부의 절연에 의한 보호
② 격벽 또는 외함에 의한 보호
③ 장애물에 의한 보호
④ 손의 접근한계 외측 설치에 따른 보호
⑤ 누전차단기에 의한 추가 보호

2. 간접접촉예방
전기설비에 지락 등의 고장이 발생한 경우에 해당 전기설비에 사람 또는 동물이 접촉한 경우를 대비하여 감전예방을 위한 보호로서 다음 중 하나의 방법에 의해 실시한다.
① 전원의 자동차단에 의한 보호
② Ⅱ급 기기의 사용 또는 이것과 동등 이상의 절연에 의한 보호
③ 비도전성 장소에 의한 보호
④ 비접지용 국부적 등전위 접속에 의한 보호
⑤ 전기적 분리에 의한 보호
□□□ 기 09

3. 특별저압에 의한 보호는 직접접촉예방 및 간접접촉 예방을 동시에 시행한다. 사용전압은 교류 50 [V] 이하, 직류 120 [V] 이하의 전압을 말한다.

- 생리적 반응을 일으키는 전류의 크기

	전류크기	특징
감지전류	0~0.5 [mA]	감지할 수 있음
경련전류	5~30 [mA]	호흡곤란, 혈압상승, 경련발생 → 수분까지 견딜수 있음
심실세동 전류	30~50 [mA]	심장고동 불규칙, 경련발생 → 수초까지 견딜수 있음 → 수분통과시 심장정지
	50~100 [mA]	강력한 shock 현상 수초통과시 심실세동
	100 [mA] 이상	심실세동 발생

2장 전기설비설계

접지설비

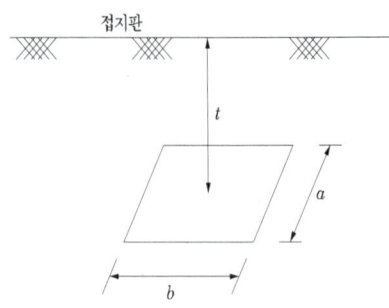

$R = \dfrac{\rho}{2\pi t} \log_e \dfrac{r+t}{r}$ [Ω]

여기서 R : 접지판의 접지저항

$r = \sqrt{\dfrac{a \times b}{2\pi}}$ [cm]

ρ : 대지고유저항 [Ω·cm]

t : 매설깊이 [cm]

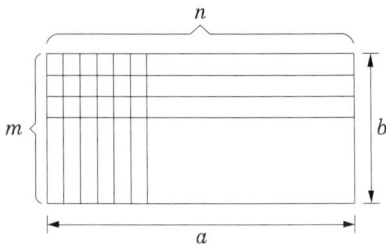

$R = \dfrac{\rho}{4r} + \dfrac{\rho}{L}$ [Ω]

여기서 R : 메시의 접지저항

r : 등가반지름 [cm]

ρ : 대지고유저항 [Ω·cm]

$L = \{b \times (n+1) + a \times (m+1)\}$

보호 등전위 본딩도체 □□□ 기 21

- 구리도체 $6mm^2$
- 알루미늄도체 $16mm^2$
- 강철도체 $50mm^2$
- 주 접지단자에 접속하기 위한 보호본딩도체의 단면적은 구리도체 $25mm^2$

보호도체(접지선) □□□ 기 17,18,21

굵기

$S = \dfrac{\sqrt{I^2 t}}{k}$

S : 단면적 [mm^2]
I : 보호장치를 통해 흐를 수 있는 예상고장전류 [A]
t : 자동차단을 위한 보호장치 동작시간(s)
k : 보호도체의 절연물의 종류 및 주위온도에 따라 정해지는 계수

- 보호도체의 단면적

상도체의 단면적 S (mm^2, 구리)	보호도체의 최소 단면적(mm^2, 구리)	
	보호도체의 재질	
	상도체와 같은 경우	상도체와 다른 경우
S ≤ 16	S	$(k_1/k_2) \times S$
16 < S ≤ 35	16 *	$(k_1/k_2) \times 16$
S > 35	S/2 *	$(k_1/k_2) \times (S/2)$

* PEN 도체의 최소단면적은 중성선과 동일하게 적용한다.

공통접지와 통합접지 □□□ 기 98,08 산 15,20

공통접지의 특징
- 보수 점검이 쉽다.
- 접지의 신뢰도가 향상된다.
- 접지 저항값이 감소된다.
- 전원측 접지와 부하접지의 공용에 있어 지락보호, 부하기기에 대한 접촉전압 관점에서 유리하다.
- 접지저항이 극히 저하되므로 금속체에 접촉할 경우 감전의 우려가 적다.

독립접지 □□□ 산 13

이격거리를 결정하게 되는 요인
- 접지전극으로 유입되는 전류의 최대값
- 전위 상승의 허용치
- 그 지점의 대지저항률

장점
- 타기기 및 계통에 영향이 없다.
- 접지대상물을 제한한다.

단점
- 접지저항값을 얻기 힘들다.
- 접지공사비가 크다.
- 접지의 신뢰도가 낮다.

KEC IEC 60364 □□□ 기 18,23 산 16,21

TT 방식
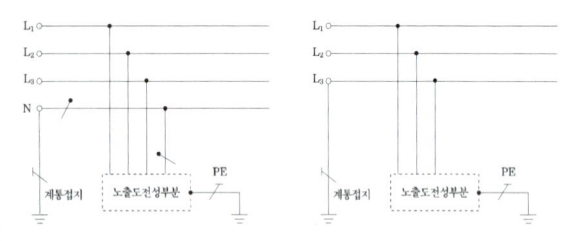

TN 방식
① TN-C 방식 ② TN-C-S 방식
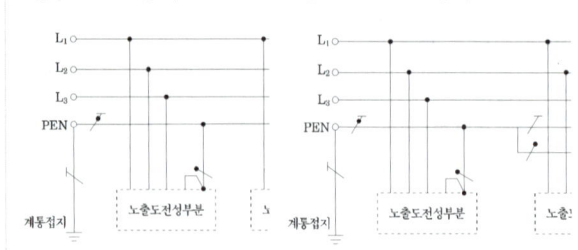

③ TN-S 방식
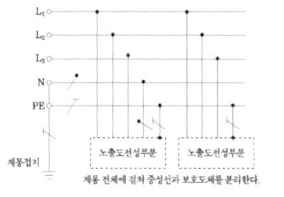

IT 방식
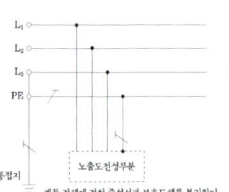

배전용 변전소의 접지 □□□ 기 90,97,03,08,14,16,20 산 90,97,03,08,14,16,20

접지의 목적
- 감전방지
- 기기손상 방지
- 보호계전기의 확실한 동작

접지개소
- 고압 및 특고압 기계기구의 외함
- 피뢰기
- 변압기의 안정권선이나 유휴권선 또는 전압조정기의 내장권선
- 변압기로 특고압전선로에 결합되는 고압전류의 방전장치
- 고압 옥외전선을 사용하는 관 기타의 케이블을 넣는 방호장치의 금속제 부분

변압기

절연파괴의 원인
- 낙뢰의 침투
- 전원 재투입 및 순간정전에 의한 개폐서지
- 콘덴서의 개폐 또는 이상
- 리액터의 소손
- 과부하 및 단락전류
- 기계적인 충격
- 지락 및 단락사고에 의한 과전류
- 절연물 열화에 의한 절연내력 저하

아몰퍼스 변압기

특징
- 무부하 손실이 75% 이상 감소하는 고절전 고효율 변압기이다.
- 방재성 및 신뢰성이 확보된다.
- 고조파 대책으로 성능이 좋다.
- 권선의 소형화로 설치면적이 축소된다.

변압기 소손원인
- 권선의 상간단락
- 권선의 층간단락
- 고저압의 혼촉
- 지락 및 단락사고에 의한 과전류
- 절연물 및 절연유의 열화에 의한 절연내력 저하

변압기보호

기계적인 보호
- 방압관 방압안전장치
- 충격압력계전기
- 브흐홀쯔계전기
- OLTC보호계전기
- 가스검출계전기
- 유온도계
- 권선온도계
- 압력계
- 유면계

전기적인 보호
- 비율차동계전기
- 방향거리계전기
- 과전류계전기
- 과전압계전기
- 피뢰기

내부고장검출
- 비율차동 계전기
- 브흐홀쯔 계전기
- 충격압력 계전기
- 온도 계전기

변압기에서 발생하는 고장
- 권선의 상간단락 및 층간단락
- 권선과 철심간의 절연파괴에 의한 지락고장
- 고 저압 권선의 혼촉
- 권선의 단선
- 부싱 리드선의 절연파괴

변압기 탭

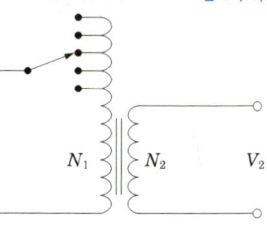

$$V'_T = \frac{V_2 \times V_T}{V'_2}$$

여기서, V_2 : 변경전 2차전압
V'_2 : 변경후 2차전압
V_T : 변경전 1차 탭전압
V'_T : 변경후 1차 탭전압

변압기의 1차 권수비를 조정하여 변압기 2차측 전압을 조정한다.

효율

① 전부하 효율 $\eta = \dfrac{P_n \cos\theta}{P_n \cos\theta + P_i + I^2 r} \times 100[\%]$

전부하시 $I^2 r = P_i$의 조건이 만족되면 효율이 최대가 된다.

② m부하시의 효율
$$\eta = \frac{m V_{2n} I_{2n} \cos\theta}{m V_{2n} I_{2n} \cos\theta + P_i + m^2 I_{2n}^2 r_{2i}} \times 100[\%]$$

$P_i = m^2 P_c$이 최대 효율조건이며, 최대 효율일 경우 부하율은 다음과 같다.

$$m = \sqrt{\frac{P_i}{P_c}}$$

③ 전일효율
$$\eta_4 = \frac{\sum h V_2 I_2 \cos\theta_2}{\sum h V_2 I_2 \cos\theta_2 + 24 P_4 + \sum h r_2 I_2^2} \times 100[\%]$$

병렬운전
① 각 변압기의 극성이 같을 것
② 각 변압기의 권수비가 같고, 1차와 2차의 정격 전압이 같을 것
③ 각 변압기의 %임피던스 강하가 같을 것
④ 3상식에서는 위의 조건 외에 각 변압기의 상회전 방향 및 각 변위가 같을 것

- 병렬 운전 가능

병렬 운전 가능	병렬 운전 불가능
△-△와 △-△	
Y-△ 와 Y-△	
Y-Y 와 Y-Y	△-△와 △-Y
△-Y 와 △-Y	△-Y 와 Y-Y
△-△와 Y-Y	
△-Y 와 Y-△	

부하분담
변압기 병렬운전시 부하 분담은 누설임피던스에 역비례 하며, 변압기에 용량에 비례한다.

$$\frac{[kVA]_a}{[kVA]_b} = \frac{[kVA]_A}{[kVA]_B} \times \frac{\% Z_b}{\% Z_a}$$

시험법

극성시험

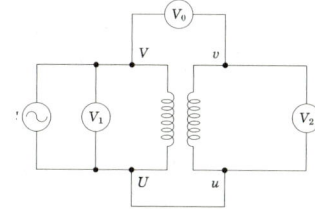

- 감극성 : $V_0 = V_1 - V_2$
- 가극성 : $V_0 = V_1 + V_2$

단락시험

변압기 2차를 단락하고 1차에 저전압을 가하여 1차측 단락전류가 1차측 정격전류와 같게 흐를 때 1차측에 가한 전압을 임피던스 전압이라 하며, 1차측의 입력을 임피던스 와트라 한다. 임피던스 와트는 전부하 동손이다.

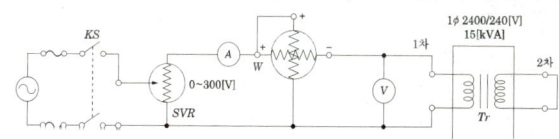

무부하시험

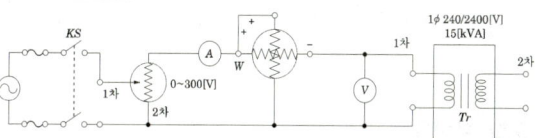

시험용 변압기 1차와 2차측을 반대로 하여 2차측(고압측)을 개방한 상태에서 슬라이닥스를 조정하여 교류 전압계의 지시값이 1차(저압측) 정격 전압값(저압측의 정격값)일 때의 전력계의 지시값을 철손이라 한다.

2장 전기설비설계

변압기

변압기의 용량 선정
□□□ 기 00,02,03,04,05,06,07,09,10,11,13,14,15,16,17,18,19,20,21,22,23
　　　산 00,01,02,03,04,05,06,07,08,09,10,11,12,13,14,15,16,17,18,19,20,21,22,23

변압기용량 = 부하밀도 × 연면적
변압기용량 = 합성최대수용전력
$$= \frac{설비용량 \times 수용률}{부등률 \times 역률} [kVA]$$

부하율
$$부하율 = \frac{평균전력}{최대전력} \times 100 [\%]$$

부하율이 크다는 것은 공급설비가 유효하게 사용됨을 의미한다.

부하율이 작다는 것의 의미 2가지
- 공급설비를 유용하게 사용하지 못한다.
- 평균 수요전력과 최대 수요전력과의 차가 커지게 되므로 부하 설비의 가동률이 저하된다.

부등률
$$부등률 = \frac{각개 최대 수용전력의 합}{합성 최대 수용전력}$$

항상 1보다 크다.

수용율
$$수용률 = \frac{최대 수용 전력}{설비용량} \times 100 [\%]$$

종합 부하율
$$종합부하율 = \frac{평균전력}{합성 최대 전력} \times 100 [\%]$$
$$= \frac{A, B, C \text{ 각 평균전력의 합계}}{합성 최대 전력} \times 100 [\%]$$

정격
- 10, 15, 20, 30, 50, 75
- 100, 150, 200, 300, 500, 750,
- 1000, 1500, 2000, 3000, 4500, 6000, 7500, 10000 kVA

변압기의 결선

Y-Y
□□□ 기 92,93,94,97,98,00,04,07,08,09,14,17,19,20
　　　산 90,92,93,95,96,97,98,02,03,04,07,08,11,12,13,14,15,16,18,20

장점
- 1차 전압, 2차 전압 사이에 위상차가 없다.
- 1차, 2차 모두 중성점을 접지할 수 있으며 고압의 경우 이상 전압을 감소시킬 수 있다.
- 상전압이 선간 전압의 $1/\sqrt{3}$ 배이므로 절연이 용이하여 고전압에 유리하다.

단점
- 제3고조파 전류의 통로가 없으므로 기전력의 파형이 제3고조파를 포함한 왜형파가 된다.
- 중성점을 접지하면 제3고조파 전류가 흘러 통신선에 유도 장해를 일으킨다.
- 부하의 불평형에 의하여 중성점 전위가 변동하여 3상 전압이 불평형을 일으키므로 송, 배전 계통에 거의 사용하지 않는다.

Δ-Y

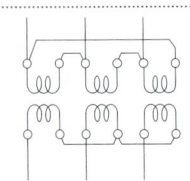

장점
- 중성점 접지가 가능하다.
- 제3고조파 장해가 적고 기전력의 파형이 왜곡되지 않는다.

단점
- 1, 2차 선간전압 사이에 30°의 위상차가 있다.
- 1상에 고장이 생기면 전원 공급이 불가능해진다.
- 1차와 2차에 30도 변위가 있다.
- 1상에 고장이 생기면 전원공급이 불가능하다.

V-V결선
□□□ 기 23　산 92,93,94,97,04,09,13,14,15,16,19,20,22,23

용량
1대의 용량에 $\sqrt{3}$ 배

출력비
$$\frac{V}{\Delta} = \frac{\sqrt{3} \, VI\cos\phi}{3 \, VI\cos\phi} \fallingdotseq 0.577$$

이용률
$$\frac{\sqrt{3} \, VI}{2 \, VI} = 0.866$$

변압기의 종류
□□□ 기 06,07,10,11,12,13,16,18,19
　　　산 96,98,99,07,10,11,12,15,18,19

유입변압기

절연유 구비조건
- 인화점이 높고 응고점이 낮을 것
- 점도가 낮고 비열이 커서 냉각효과가 클 것
- 고온에서 불용성 침전물이 생성되지 않을 것
- 절연물과 화학작용이 없을 것

단점
- 1, 2차 선간전압 사이에 30°의 위상차가 있다.
- 1상에 고장이 생기면 전원 공급이 불가능해진다.
- 1차와 2차에 30도 변위가 있다.
- 1상에 고장이 생기면 전원공급이 불가능하다.

변압기 호흡작용
온도변화 및 부하변동에 의해 기름의 온도가 변화하고 부피가 수축팽창 하므로 외부 공기가 유입하는 현상

변압기유의 열화
호흡작용으로 인해 수분 및 불순물이 혼입되어 절연내력저하, 장시간 사용하면 화학적으로 변화가 일어나 침전물이 생긴다.

절연유 열화방지대책
- 컨서베이터
- 흡습호흡기

몰드변압기

특징
- 난연성이 우수하다.
- 신뢰성이 향상된다.
- 내코로나 특성, 임펄스 특성이 향상된다.
- 소형 경량화 가능하다. 설치면적이 축소된다.
- 무부하 손실이 감소한다. 에너지 절약가능하다.
- 유지보수 점검이 용이하다.
- 단시간 과부하 내량이 크다.
- 소음이 적고 무공해 운전이 가능하다.
- 서지에 대한 대책을 세워야 한다.

2장 전기설비설계

차단기

기능
- 정상상태에서 부하전류 개폐
- 사고상태(지락, 단락, 과부하)에서 사고전류를 안전하게 차단

차단기 종류 □□□ 기 95,15,19,23 산 95,10,15,18,20
- 유입차단기
- 진공차단기
- 가스차단기
- 자기차단기
- 공기차단기

가스차단기
육불화황 가스를 흡수해서 차단

공기차단기
압축공기를 아크에 불어 넣어서 차단

유입차단기
아크에 의한 절연유 분해가스의 흡부력을 이용하여 차단

진공차단기
- 고진공속에서 전자의 고속도 확산을 이용하여 차단
- 차단시간이 가장 짧으며, 탈조차단도 가능하며 가장 차단성능이 우수하다.
- 기름이 사용되지 않아 화재에 가장 안전하다.
- 수명이 가장 길며 보수는 거의 불필요하다.
- 차단시 소음이 작다.
- 외부 기체에 영향을 받지 않는다.

자기차단기
전자력을 이용하여 아크를 소호실 내로 유도하여 냉각 차단

차단기의 선정 □□□ 기 92,18,19 산 94,08,20

정격전압
규정된 조건에 따라 기기에 인가 될 수 있는 사용회로 전압의 상한 값

- 정격전압의 표준치

공칭전압[kV]	정격전압[kV]	비 고
6.6	7.2	
22 또는 22.9	25.8	23kV 포함
66	72.5	
154	170	
345	362	
765	800	

정격전류
- 정격전압 및 정격주파수, 규정된 온도상승 한도를 초과하지 않는 상태에서 연속적으로 흘릴 수 있는 전류의 한도
- 차단기 1차측에 흐르는 접부하 전류를 구하여 선정한다.
  600, 1200, 2000, 3000, 4000, 8000

정격차단전류 □□□ 산 88,90,91,92,95,96,06,10,11,13,14,15,18,20,21,22
- 정격전압, 정격주파수, 규정된 회로조건에서 규정한 표준동작 책무와 동작상태에 따라 차단할 수 있는 지상역률의 차단전류로 교류 실효값으로 표시한다.
- 단락전류 = 기준전류 $\times \dfrac{100}{\%Z}$
- 표준용량의 차단기를 선정한다.

정격차단용량 □□□ 기 90,92,12,22,23 산 93,13,23

공식
$P_s = $ 기준용량 [MVA] $\times \dfrac{100}{\%Z}$ [MVA]

정격차단용량 $= \sqrt{3} \times$ 정격전압 $\times$ 정격차단전류 [MVA]
- 표준용량의 차단기를 선정한다.

차단기 트립방식 □□□ 기 00,05,23 산 89,90,07,10
- 직류전압트립방식
- 과전류트립방식
- 콘덴서트립방식
- 부족전압트립방식

콘덴서 트립방식

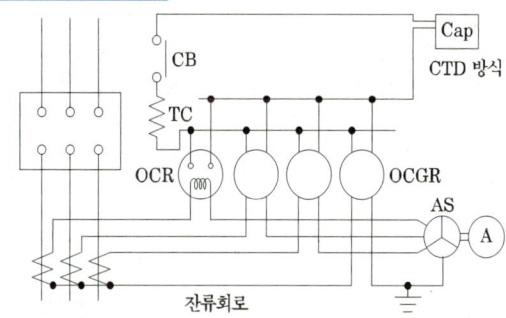

동작책무 □□□ 기 96,08,09,19 산 96,09
1~2회 이상의 투입, 차단 또는 투입차단을 일정한 시간 간격을 두고 행하는 일련의 동작

□□□ 산 93,97,99,02,08,10,18,19,20
- 기준충격절연강도(Basic Impulse Insulation Level) 절연내력과 기준충격 절연강도 : BIL이란 Basic Impulse Insulation Level의 약자를 말한다. 뇌임펄스 내전압 시험값으로서 절연 레벨의 기준을 정하는 데 적용되며, BIL은 절연 계급 20호 이상의 비유효 접지계에 있어서는 다음과 같이 계산된다.
- BIL = 절연계급 × 5 + 50[kV]

서지흡수기

진공차단기 2차측과 몰드형 변압기 1차측 사이에 설치한다.

정격과 적용 □□□ 기 13,19 산 03,05,08,11,12,19
- 서지흡수기의 적용범위

차단기 종류	VCB(진공차단기)				
전압 등급	3[kV]	6[kV]	10[kV]	20[kV]	30[kV]
전동기	적용	적용	적용	–	–
변압기 유입식	불필요	불필요	불필요	불필요	불필요
변압기 몰드식	적용	적용	적용	적용	적용
변압기 건식	적용	적용	적용	적용	적용
콘덴서	불필요	불필요	불필요	불필요	불필요
변압기와 유도기기와의 혼용 사용시	적용	적용	–	–	–

- 서지흡수기의 정격전압

공칭전압	3.3[kV]	6.6[kV]	22.9[kV]
정격전압	4.5[kV]	7.5[kV]	18[kV]
공칭방전전류	5[kV]	5[kV]	5[kV]

주요기능 □□□ 기 03,05,11 산 98,12,16,19,23
개폐서지 등의 이상전압으로부터 몰드 변압기 등의 기계 기구를 보호한다.

2장 전기설비설계

변성기

계기용 변압기 □□□ 산 13,18

영상전압을 얻기위한 방법
3대의 단상 PT를 사용하여 1차측을 Y결선하여 중성점을 접지하고 2차측을 개방델타 결선한다.

VS
3상 각 상의 전압을 1대의 전압계로 측정하기 위한 절환 개폐기

접지형 계기용 변압기
□□□ 기 90,91,95,00,03,04,08,10,12,16,17,19,20 산 95,97,12,

원리
비접지 계통에서 지락 사고시 영상전압을 검출한다.
1선 지락시 검출되는 영상전압은 중성점 이동현상에 의해 190V가 검출된다.

영상전압
$$V_0 = GPT\ 1차측\ 전압 \times \frac{1}{변압비} \times 3$$

결선
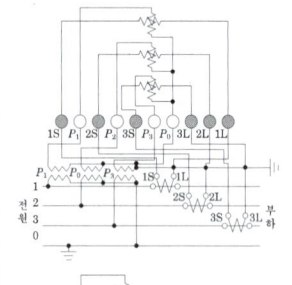

CLR의 설치목적 (GPT의 OPEN△단자에 설치)
- 계전기 구동에 필요한 유효전류를 발생
- 중성점 불안정 현상 등의 이상 현상을 억제
- 개방△ 결선회로의 각상 전압 중 제3고조파 전압의 발생 방지

전력량계

결선 □□□ 기 93,94,95,96,97,99,00,01,02,04,06,08,17,20
산 93,94,95,98,99,01,01,02,04,08,12,21

3상4선식
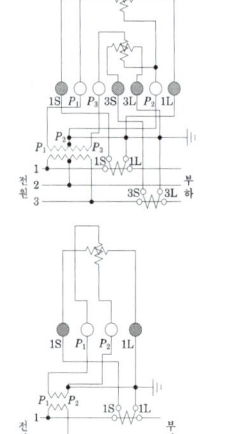

구비조건 □□□ 기 94,00,15,18
- 온도나 주파수 변화에 보상이 되도록 할 것
- 기계적 강도가 클 것
- 부하특성이 좋을 것
- 과부하내량이 클 것

전력의 측정 □□□ 기 87,91,99,01,02,10,21 산 85,90,98,02,11,14,18,21
전력량계 부하전력
$$P = \frac{3,600 \cdot n}{t \cdot k} \times CT비 \times PT비\ [kW]$$
승률 = CT비 × PT비

5(2.5)의 의미 □□□ 산 99,01,02,21
5A는 정격전류로 최대로 사용할 수 있는 전류값이며, 주어진 오차를 만족하는 최소 전류범위는 0.25A (1/20배) 이다. 0.25A 이하 에서도 사용할 수 있으나 오차를 시험하지 않는다는 것을 말한다.

잠동 □□□ 기 94,00,05,18

현상
무부하 상태에서 정격 주파수, 정격 전압의 110%를 인가하여 계기의 원판이 1회전 이상 회전하는 현상

방지책
- 원판에 작은 구멍을 뚫는다.
- 원판에 작은 철편을 붙인다.

2장 전기설비설계

조명부하설비

도로조명   □□□ 기 98,03,05,08,09,10,14,15,20,22 산 08,09,10,16,20,21

광속법

$$E = \frac{FNUM}{BS}[\text{lx}]$$

여기서, E : 노면평균조도[lx]
 F : 광원 1개 광속[lm]
 N : 광원의 열수
 M : 보수율, 감광보상률 D의 역수
 B : 도로의 폭[m],
 S : 광원의 간격[m]

조명에너지 절약방안   □□□ 기 91,98,08,09,10,13,16 산 91,98,08,09,10,13,16

- 고효율등기구 채용
- 고조도 저휘도 반사갓 채용
- 적절한 조광제어 실시
- 고역률 등기구 채용
- 등기구의 적절한 보수 및 유지관리
- 창측 조명기구 개별점등
- 전반조명과 국부조명의 적절한 병용
- 등기구 격등 제어회로 구성

눈부심   □□□ 기 11

시야 내에 어떤 휘도로 인하여 불쾌, 고통, 눈의 피로, 시력의 일시적인 감퇴를 가져오는 현상을 눈부심(Glare)라 한다.

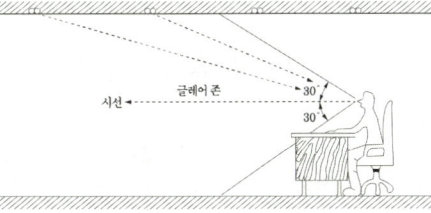

① 원인
- 광원의 휘도가 과대할 때
- 눈에 들어오는 광속이 너무 많을 때
- 광원을 오래 바라볼 때
- 순응이 잘 안 될 때
- 시선 부근에 광원이 있을 때
- 광원과 배경 사이의 휘도대비가 클 때

② 방지책
- 휘도가 낮은 광원(형광등)을 사용하든가, 또는 플라스틱 커버가 되어 있는 조명기구를 선정한다.
- 시선을 중심으로 해서 30° 범위 내의 글레어 존(glare zone)에는 광원을 설치하지 않는다.
- 광원 주위를 밝게 한다.

형광등

점등회로
- 글로우 스타터회로
- 속시기동회로(래피드 스타트회로)
- 순시기동회로

T5 형광등
- 기존 형광램프에 비해 에너지 절약이 35% 이상이 된다.
- 유리자원, 금속 자재 폐기물이 감소한다.
- 극소량의 수은만을 봉입하므로 환경오염을 줄일 수 있다.
- 효율이 104 lm/W로 좋다.
- 연색성이 우수하다.
- 수명이 길다.

LED 램프

특성
- 수명이 길다.
- 효율이 좋다.
- 발열 및 자외선이 적다.
- 소형 및 경량이다.
- 친환경적이다.
- 점등 속도가 매우 빠르다.
- 고주파 점등으로 인한 다른 기기에 노이즈를 발생할 수 있다.
- 사용범위가 넓다.

효율   □□□ 기 90,14,17 산 14,17

- 전등효율 : 전력소비에 대한 발산광속의 비
- 발광효율 : 방사속에 대한 광속의 비

건축화 조명방식   □□□ 기 90,20 산 18,20,21

천정면
- 다운라이트
- 핀홀라이트
- 코퍼라이트
- 라인라이트
- 광천정조명
- 매입형광등

벽면
- 밸런스조명
- 코니스조명
- 광창조명

코니스조명
직접 형광등 기구를 벽면 위쪽에 설치하고, 목재나 금속판으로 광원을 숨기고 빛이 직접 벽면을 조명하는 방식

코퍼라이트
대형의 down light라고도 볼 수 있으며 천정면을 둥글게 또는 사각으로 파내어 내부에 조명기구를 배치하여 조명하는 방법을 말하며 기구 하부에 확산판넬등을 배치한다.

코브조명
천정이나 벽면상부에 광원을 간접 조명화하여 천정면에 반사하여 조명하는 것을 말하며 효율은 대단히 나쁘지만 부드럽고 안정된 조명을 시행할 수 있다. 눈부심이 없고, 조도분포가 일정해 그림자가 없다.

동력부하설비

전동기용량의 선정   □□□ 기 89,94,05,08,10,11,12,14,16,17,21,22 산 94,03,08,09,10,11,12,13,14,15,16,17,18,20,21,23

① 펌프용 전동기 용량

$$P = \frac{9.8Q'HK}{\eta} = \frac{KQH}{6.12\eta}[\text{kW}]$$

여기서, P : 전동기의 용량[kW]
 Q : 양수량[m³/min]
 Q' : 양수량[m³/sec]
 H : 양정(낙차)[m]
 η : 펌프의 효율[%]
 K : 여유계수(1.1~1.2 정도)

② 권상용 전동기 용량   □□□ 기 97,04,09,10,11,13,15,20

$$P = \frac{9.8W \cdot v'}{\eta} = \frac{W \cdot v}{6.12\eta}[\text{kW}]$$

여기서, W : 권상 하중[ton]
 v : 권상 속도[m/min]
 v' : 권상 속도[m/sec]
 η : 권상기 효율[%]

단상 유도전동기   □□□ 기 00,02,04,11,16,20 산 20

종류
- 반발 기동형
- 분상 기동형
- 세이딩 코일형
- 콘덴서 기동형

역전
반발기동형은 브러시 위치를 바꾸며, 분상기동형은 기동권선의 접속을 반대로 한다. 세이딩 코일형은 역전이 불가능하다.

기동장치가 필요한 이유
단상에서는 회전자계를 얻을 수 없어 기동할 수 없다. 보조권선과 기동장치를 이용하여 회전자계를 발생시켜 기동토크를 얻기 위해

2장 전기설비설계

간선설비

왜형률
왜형률 = $\dfrac{\text{고조파 실효값의 합}}{\text{기본파 실효값}} = \dfrac{\sqrt{V_2^2 + V_3^2 + \cdots}}{V_1}$

고조파전류
고조파전류 $I_n = \dfrac{K_n I}{n}$

여기서, I : 기본파전류, K_n : 고조파 저감계수, n : 고조파 차수

고조파 방지대책
- 전력변환장치의 펄스수를 크게 한다. (변환장치의 다펄스화)
- 고조파 필터를 사용하여 제거한다.
- 변압기 결선을 Δ결선으로 하여 제3고조파 제거
- 전원측 교류리액터 설치
- 전원 단락용량의 증대
- 고조파 부하의 분리하여 전용화
- 콘덴서 회로에서 직렬리액터 설치

절연저항측정 □□□ 산 05,11,15,17,20,21
전선 상호간의 절연저항은 기계기구를 쉽게 분리가 곤란한 분기회로의 경우 기기 접속 전에 측정할 수 있다. 측정 시 영향을 주거나 손상을 받을 수 있는 SPD 또는 기타 기기 등은 측정 전에 분리시켜야 하고, 부득이하게 분리가 어려운 경우에는 시험전압을 250V DC로 낮추어 측정할 수 있지만 절연저항 값은 1MΩ 이상이어야 한다.

전로의 사용전압 V	DC시험전압 V	절연저항 MΩ
SELV 및 PELV	250	0.5
FELV, 500V 이하	500	1.0
500V 초과	1,000	1.0

특별저압 : 인체에 위험을 초래하지 않을 정도의 저압으로 2차 AC 50V, DC 120V 이하의 전압을 말한다.
- FELV : 1차와 2차가 전기적으로 절연되지 않은 회로
- PELV : 1차와 2차가 전기적으로 절연된 접지회로
- SELV : 1차와 2차가 전기적으로 절연된 비접지회로

조명부하설비

발광의 원리 □□□ 기 20
- 온도복사
- 루미네선스
- 유도복사

조명의 용어 □□□ 기 98,15,19,21 산 98,19,22,23

색온도
어느 광원의 광색이 어느 온도의 흑체의 광색과 같을 때 그 흑체의 온도

연색성
빛의 분광 특성이 색의 보임에 미치는 효과로 동일 한 색을 가진 것이라도 조명하는 빛에 따라 색이 다르게 보이는 특성

광속
방사속 중 빛으로 느끼는 부분

조도
어떤 면의 단위 면적당의 입사광속

광도
광원에서 어떤 방향에 대한 단위 입체각으로 발산되는 광속

휘도
광원의 임의의 방향에서 바라본 단위 투영면적당의 광도

조명설계 □□□ 산 20

기구 배치에 따른 조명방식
- 전반조명방식
- 국부조명방식
- 국부적 전반조명방식
- TAL 조명방식

광속법 □□□ 기 85,89,90,91,92,93,94,95,97,98,99,00,01,02,03,04,05,06,10,11,12,13,15,16,17,20 산 88,89,90,91,92,93,94,95,96,97,98,99,00,01,03,04,05,06,07,08,09,10,11,12,13,14,15,16,17,18,19,20,22,23

FUN = DAE

감광보상률
조명설계시 점등 중의 광속감퇴를 고려하여 소요광속에 여유를 두어야 하는 정도

실지수
$R.I = \dfrac{XY}{H(X+Y)}$

실지수	5.0	4.0	3.0	2.5	2.0	1.5	1.25	1.0	0.8	0.6
기호	A	B	C	D	E	F	G	H	I	J

조도계산 □□□ 기 96,98,10,11,17,19,21,23 산 23

① 법선도조
$E_n = \dfrac{I}{r^2}$ [lx]

② 수평면 조도
$E_h = E_n \cos\theta = \dfrac{I}{r^2}\cos\theta = \dfrac{I}{h^2}\cos^3\theta$ [lx]

③ 수직면 도조
$E_v = E_n \sin\theta = \dfrac{I}{r^2}\sin\theta$

$= \dfrac{I}{h^2}\sin\theta\cos^2\theta$ [lx]

④ 조도계산
$E = \dfrac{F}{S} = \dfrac{\omega I}{\pi r^2}$

$= \dfrac{2\pi(1-\cos\alpha)I}{\pi r^2}$

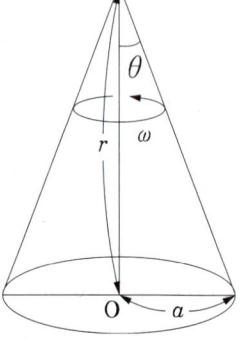

간선설비

[주] 이 경우의 설비불평형률이란 각 선간에 접속되는 단상부하 총 설비용량[VA]의 최대와 최소의 차와 총 부하설비용량[VA] 평균값의 비[%]를 말한다. 즉, 다음 식으로 나타낸다.

- 설비불평형률
$$= \frac{\text{각 선간에 접속되는 단상 부하 총설비용량[KVA]의 최대와 최소의 차}}{\text{총 부하설비용량[KVA]의 1/3}} \times 100[\%]$$

설계전류
□□□ 기 89,94,95,96,06,10,12,16,17,18,20 산 89,90,93,94,96,05,10,11,12,17,19

회로의 설계전류(I_B)는 분기회로의 경우 부하의 효율, 역률, 부하율이 고려된 부하최대전류를 의미하며, 고조파 발생부하인 경우 고조파 전류에 의한 선전류 증가분이 고려되어야 한다. 또한 간선의 경우에는 추가로 수용률, 부하불평형, 장래 부하증가에 대한 여유 등이 고려되어야 한다.

$$I_B = \frac{\sum P}{kV}\alpha h\beta$$

여기서, k는 상계수(단상 1, 3상 $\sqrt{3}$), V는 전압, α는 수용률, h는 고조파 발생에 의한 선전류 증가계수, β는 부하 불평형에 따른 선전류 증가계수를 말한다.

간선보호용 과전류차단기
□□□ 기 09,11,12 산 89,96,01,05,06,17,18

도체와 과부하 보호장치 사이의 협조

과부하에 대해 케이블(전선)을 보호하는 장치의 동작특성은 다음의 조건을 충족해야 한다.

$I_B \leq I_n \leq I_Z$ ………… ①

$I_2 \leq 1.45 \leq I_Z$ ……… ②

I_B : 회로의 설계전류
I_Z : 케이블의 허용전류
I_n : 보호장치의 정격전류
I_2 : 보호장치가 규약시간 이내에 유효하게 동작하는 것을 보장하는 전류

조정할 수 있게 설계 및 제작된 보호장치의 경우, 정격전류 I_n은 사용현장에 적합하게 조정된 전류의 설정값이다.

보호장치의 유효한 동작을 보장하는 전류 I_2는 제조자로부터 제공되거나 제품 표준에 제시되어야 한다.

식 ②에 따른 보호는 조건에 따라서는 보호가 불확실한 경우가 발생할 수 있다. 이러한 경우에는 식 ②에 따라 선정된 케이블 보다 단면적이 큰 케이블을 선정하여야 한다.

I_B는 선도체를 흐르는 설계전류이거나, 함유율이 높은 영상분 고조파(특히 제3고조파)가 지속적으로 흐르는 경우 중성선에 흐르는 전류이다.

한국전기설비규정 212.4.2 과부하 보호장치의 설치 위치

1. 설치위치   □□□ 기 23 산 09,11,12

가. 과부하 보호장치는 전로 중 도체의 단면적, 특성, 설치방법, 구성의 변경으로 도체의 허용전류 값이 줄어드는 곳(이하 분기점이라 함)에 설치해야 한다.

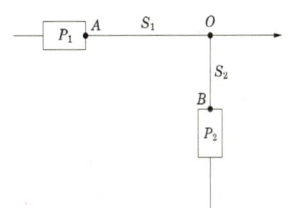

나. 분기회로(S_2)의 보호장치(P_2)는 (P_2)의 전원 측에서 분기점(O) 사이에 다른 분기회로 또는 콘센트의 접속이 없고, 단락의 위험과 화재 및 인체에 대한 위험성이 최소화 되도록 시설된 경우, 분기회로의 보호장치(P_2)는 분기회로의 분기점(O)으로부터 3m 까지 이동하여 설치할 수 있다.

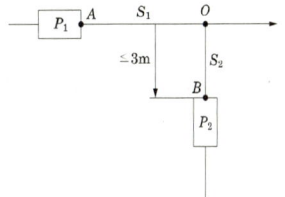

퓨즈의 용단특성

표 212.3-1 퓨즈(gG)의 용단특성

정격전류의 구분	시간	정격전류의 배수	
		불용단전류	용단전류
4 A 이하	60분	1.5배	2.1배
4 A 초과 16 A 미만	60분	1.5배	1.9배
16 A 이상 63 A 이하	60분	1.25배	1.6배
63 A 초과 160 A 이하	120분	1.25배	1.6배
160 A 초과 400 A 이하	180분	1.25배	1.6배
400 A 초과	240분	1.25배	1.6배

전압강하
□□□ 기 93,96,99,03,03,04,05,06,07,11,12,14,15,16,17,18,19,21,23 산 93,96,99,03,04,11,12,14,17,18,20,21,23

계산

단상 2선식 : $e = \dfrac{35.6LI}{1,000A}$ ………… ①

3상 3선식 : $e = \dfrac{30.8LI}{1,000A}$ ………… ②

3상 4선식 : $e = \dfrac{17.8LI}{1,000A}$ ………… ③

여기서, L : 거리, I : 정격전류, A : 케이블의 굵기이며 ③의 식은 1선과 중성선간의 전압강하를 말한다.

규정
□□□ 산 19,21

설비의 유형	조명(%)	기타(%)
A-저압으로 수전하는 경우	3	5
B-고압 이상으로 수전하는 경우a	6	8

a 가능한 한 최종회로 내의 전압강하가 A 유형의 값을 넘지 않도록 하는 것이 바람직하다.

사용자의 배선설비가 100m를 넘는 부분의 전압강하는 m당 0.005% 증가할 수 있으나 이러한 증가분은 0.5%를 넘지 않아야 한다.

더 큰 전압강하를 허용할 수 있는 경우

- 기동시간 중의 전동기
- 돌입 전류가 큰 기타 기기

전선의 규격
□□□ 기 89,93,95,97,99,00,04,05,06,10,11,14,15,16,17,18,19,21

- 1.5   2.5   4   6   10
- 16   25   35   50   70   95
- 120   150   185   240   300   400   500   630

분기회로
□□□ 산 89,90,92,93,95,96,97,99,00,01,02,04,05,06,08,10,11,12,13,14,15,16,17,18,19,20,21,22

분기회로계산

$$\text{분기회로수} = \frac{\text{상정 부하설비 용량의 합}}{\text{전압} \times \text{전류}}$$

중성선에 흐르는 전류
□□□ 기 93,08,13,16,21,23 산 98,08,13,16,23

$I_a \angle 0° + I_b \angle -120° + I_c \angle -240°$

고조파
□□□ 기 01,02,07,08,14,15,17,21

전력계통에서 고조파는 대부분 전력변환용 전자장치(정류장치, 역변환장치, 화학용 전해설비의 정류기, 사이리스터 등)를 사용하는 기기에서 발생하고 있으며, 또한 이의 사용이 많아져 이로 인한 고조파 전류가 발생하여 전원의 질을 떨어뜨리고 과열 및 이상상태를 발생시키고 있다.

기기	발생 원인	기타
변압기	히스테리시스 현상에 의해 발생하며, 보통 제3고조파 성분이 주성분이고 제5고조파 이상은 무시된다. 제3고조파 성분은 변압기의 △결선으로 제거된다.	△결선으로 제거한다.
전력변환소자	정현파를 구형파 형태로 사용하므로 고조파가 발생한다.	고조파 대책필요하다.
아크로 전기로	제3고조파가 현저하게 발생한다.	
회전기기	슬롯이 있기 때문에 발생하며 고조파는 슬롯 Harmonics 라 한다.	
형광등	점등회로에서 발생한다.	콘덴서로 제거한다.
과도현상	차단기 및 개폐기의 스위칭시 발생한다.	서지흡수기 설치한다.

2장 전기설비설계

케이블 / 전선

전선의 색별 □□□ 기 08,22 산 96,22

상(문자)	색상
L1	갈색
L2	흑색
L3	회색
N	청색
보호도체	녹색-노란색

색상 식별이 종단 및 연결 지점에서만 이루어지는 나도체 등은 전선 종단부에 색상이 반영구적으로 유지될 수 있는 도색, 밴드, 색 테이프 등의 방법으로 표시해야 한다.

저압케이블 □□□ 산 19

- 연피 케이블
- 클로로프렌외장 케이블
- 비닐외장 케이블
- 폴리에틸렌외장 케이블
- 무기물 절연 케이블
- 금속외장 케이블
- 저독성 난연 폴리올레핀외장 케이블
- 300/500V 연질 비닐 시즈 케이블

케이블 절연저항 □□□ 산 01,04,06,12

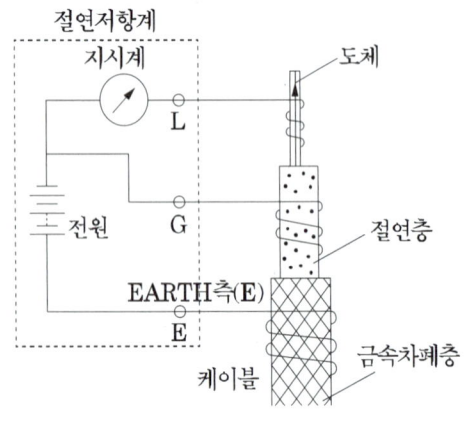

지중전선로 □□□ 기 91,96,95,96,99,00,03,04,05,08,13,15,18,19,21,23 산 98,18,21

지중 케이블 고장점 검출

- 머레이 루프법
- 정전용량법
- 펄스 레이더법
- 정전용량법 : 단락사고
- 펄스 레이더법 : 지락사고, 3상 단락사고

직매식, 관로식

압력받을 우려 있는 경우 매설깊이 : 1m

종류

- 직매식
- 관로식
- 암거식
- 지중전선로는 전선에 케이블을 사용하고 관로식 암거식 또는 직접매설식에 의하여 시설하여야 한다.

케이블

- 알루미늄피 케이블
- 가교 폴리에틸렌 절연 비닐 시즈 케이블

장점

- 지중에 매설되므로 도시 미관을 해치지 않는다.
- 폭풍우, 뇌격 등에 영향을 받지 않으므로 안전성 및 신뢰성이 높다.
- 인축에 대한 안전성이 높다.
- 다수 회선을 동일 경과지에 부설할 수 있다.
- 경과지 확보가 용이하다.
- 지하 시설로 설비의 보안유지가 용이하다.
- 유도장해가 경감된다.

단점

- 같은 굵기의 가공선식에 비하여 송전용량이 작다.
- 설비 구성상 신규수용에 대한 탄력성이 결여된다.
- 건설비가 고가이며, 사고복구에 필요한 시간이 길다.
- 건설 작업시 교통장해, 소음, 분진 등이 많다.
- 건설공기가 길다.

약호 □□□ 산 88,07,08,09,13,16,22

- ACSR : 강심알루미늄 연선
- CNCV-W : 동심 중성선 수밀형전력케이블
- FR CNCO-W : 동심 중성선 저독성 난연 전력 케이블
- LPS : 300/500V 연질 비닐 시즈 케이블
- VCT : 0.6/1kV 비닐절연 비닐캡타이어 케이블
- NRI(70) : 300/500V 기기 배선용 단심 비닐절연전선(70℃)
- NFI(70) : 300/500V 기기 배선용 유연성 단심 비닐절연전선(70℃)

간선설비

간선설계시 고려사항 □□□ 기 18

- 간선계통
- 간선경로
- 배선방식
- 간선의 굵기 : 허용전류, 전압강하, 기계적강도, 고조파, 장래부하증설
- 설계조건 : 배전방식, 수용률, 부하율, 건축조건, 계량구분, 부하등

설비불평형률 □□□ 기 00,01,03,04,05,06,07,09,10,11,13,14,15,19,20 산 00,02,03,04,05,06,07,09,11,12,14,19,20,23

① 설비불평형 단상

저압수전의 단상 3선식에서 중성선과 각 전압측 전선간의 부하는 평형이 되게 하는 것을 원칙으로 한다.

[주1] 부득이한 경우는 설비불평형률 40[%]까지로 할 수 있다. 이 경우 설비불평형률이란 중성선과 각 전압측 전선간에 접속되는 부하설비용량[VA]차와 총 부하설비용량[VA]의 평균값의 비[%]를 말한다. 즉, 다음 식으로 나타낸다.

- 설비불평형률

$$= \frac{중성선과~각~전압측~전선간에~접속되는~부하설비용량[kVA]의~차}{총~부하설비용량[kVA]의~1/2} \times 100[\%]$$

② 설비불평형 3상

저압, 고압 및 특고압수전의 3상 3선식 또는 3상 4선식에서 불평형부하의 한도는 단상 접속부하로 계산하여 설비불평형률을 30[%] 이하로 하는 것을 원칙으로 한다. 다만, 다음 각 호의 경우는 이 제한에 따르지 않을 수 있다.

- 저압수전에서 전용변압기 등으로 수전하는 경우
- 고압 및 특고압수전에서 100[kVA](kW) 이하의 단상부하인 경우
- 고압 및 특고압수전에서 단상부하용량의 최대와 최소의 차가 100[kVA](kW) 이하인 경우
- 특고압수전에서 100[kVA](kW) 이하의 단상변압기 2대로 역(逆)V결선하는 경우

예비전원설비

축전지용량
기 90,93,95,97,99,01,02,03,06,11,14,15,17,20
산 91,92,93,94,95,96,97,98,99,00,01,02,03,04,06,08,09,11,12,13,14,15,16,17,19,20,23

$$C = \frac{1}{L}[K_1 I_1 + K_2(I_2 - I_1) + K_3(I_3 - I_2)][Ah]$$

여기서, C : 축전지 용량[Ah]
L : 보수율(축전지 용량 변화의 보정값)
K : 용량 환산 시간 계수
I : 방전 전류[A]

충전방식
- 부동충전방식
- 균등충전방식
- 세류충전방식
- 보통충전방식
- 급속충전방식
- 회복충전방식

부동충전방식
기 87,88,97,00,04,12,13,17,21 산 88,91,93,97,22

- 충전전류

충전기 2차 전류[A]
$= \frac{축전지용량[Ah]}{정격방전율[h]} + \frac{상시부하용량[VA]}{표준전압[V]}$

- 원리
전지의 자기방전을 보충함과 동시에 사용부하에 대한 전력은 충전기가 부담하도록 하되 충전기가 부담하기 어려운 일시적인 대전류 부하는 축전지로 하여금 부담하게 하는 방식

- 회로

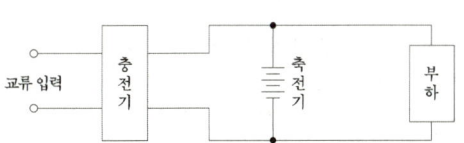

- 충전시 발생하는 가스 : 수소

보통충전
필요할 때 마다 표준 시간율로 소정의 충전을 하는 방식

세류충전
축전지의 자기 방전을 보충하기 위해 부하를 off한 상태에서 미소 전류로 항상 충전하는 방식

균등충전
각 전해조에 일어나는 전위차를 보정하기 위해 1~3개월마다 1회, 정전압 충전하여 각 전해조의 용량을 균일하게 하기 위한 충전 방식

설페이션 현상
산 89,95,01,02,17

연축전지를 방전상태에서 오래 두면 극판의 황산납이 회백색으로 변하며, 내부 저항이 대단히 증가하여 충전시 전해액의 온도 상승이 크고 가스가 심하게 발생한다. 과방전 및 방치 상태, 가벼운 설페이션 현상 등이 생겼을 경우 기능을 회복하기 위해 실시하는 충전 (회복충전)

허용최저전압
기 85,89,95,96,97,98,01,02,19 산 85,97,16

$$V = \frac{V_a + V_c}{N}[V/cell]$$

여기서, V : 허용최저전압[V/cell],
V_a : 부하의 허용최저전압[V],
V_c : 축전지와 부하간에 접속된 전압강하의 합,
N : 직렬 접속된 셀 수

UPS (무정전 전원 공급장치)
기 95,97,98,99,01,02,04,05,06,08,09,13,15,17,18
산 97,99,00,01,05,06

2차측 단락사고 발생시 고장회로 분리방법
배선용 차단기에 의한 방법
반도체 보호용 한류형 퓨즈에 의한 방법
사이리스터를 사용한 반도체 차단기에 의한 방법

구성

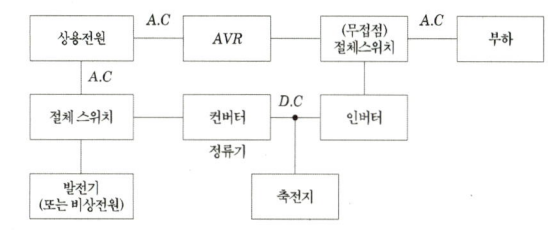

- 컨버터(정류기) : 교류 전원이나 발전기 전원을 공급받아 직류 전원으로 변환하여 축전지를 충전하며, 인버터에 전원을 공급하는 장치
- 인버터 : 직류 전원을 교류 전원으로 바꾸어 부하에 공급하는 장치
- 무접점 절환 스위치 : 인버터의 과부하 및 이상시 예비 상용전원으로 절체 시켜주는 장치

신재생에너지
기 11,19,21 산 18

태양광발전

발전효율

발전효율 $\eta = \frac{출력}{입력} = \frac{P_{max}}{S \times 1000} \times 100[\%]$

$P_{max} = V_m I_m$: 최대출력, 태양전지의 일반적인 동작 지점
S : 태양전지의 면적[m^2]
입사조사강도 : 1000[W/m^2]

장점
- 규모에 관계없이 발전 효율이 일정하다.
- 일조량이 있는 곳이면 어디서나 설치할 수 있고 보수가 용이하다.
- 자원이 반영구적이다.
- 확산광(산란광)도 이용할 수 있다.

단점
- 에너지 밀도가 낮다.
- 비가 오거나 흐린 날씨에는 발전능력이 저하한다.
- 수력, 화력, 원자력 등 고전적인 발전 방식보다 발전효율이 낮다.

풍력발전

풍력에너지

$$P = \frac{1}{2}mV^2 = \frac{1}{2}(\rho A V)V^2 = \frac{1}{2}\rho A V^3[W]$$

여기서, P : 에너지[W],
m : 질량[kg/s],
V : 평균풍속[m/s],
ρ : 공기의 밀도(1.225[kg/m^3]),
A : 로터의 단면적[m^2]

2장 전기설비설계

전력용콘덴서

콘덴서 투입시 돌입전류 □□□ 기 90,05,07,16,19

$I_{max} = I_C \left(1 + \sqrt{\dfrac{X_C}{X_L}}\right)$

$f_1 = f\sqrt{\dfrac{X_c}{X_L}}$

I_C : 콘덴서 정상전류
X_C : 콘덴서 리액턴스
X_L : 콘덴서회로 유도성 리액턴스
f : 상용주파수
f_1 : 과도주파수

부속설비 □□□ 기 92,96,99,00,02,07,09,11,12,13,17,20,23 산 92,97,99,00,01,02,03,05,07,08,09,10,11,12,13,15,16,18,20,21

직렬리액터
- 제5고조파 제거
- 콘덴서 용량의 이론상 4%, 실제 주파수 변동을 고려하여 6%

사용목적 4가지
- 콘덴서 사용시 고조파에 의한 전압파형의 왜곡 방지
- 콘덴서 투입시 돌입전류 억제
- 콘덴서 개방시 재점호한 경우 모선의 과전압 억제
- 고조파 발생원에 의한 고조파전류의 유입억제와 계전기 오동작 방지

방전코일
잔류전하방전 및 콘덴서 재투입시 콘덴서에 걸리는 과전압 방지

충전용량과 정전용량 □□□ 기 01,15,19,22,23

① Y결선 $E = \dfrac{V}{\sqrt{3}}$ 이므로

$Q = 6\pi f C \left(\dfrac{V}{\sqrt{3}}\right)^2 = 2\pi f C V^2$

② Δ결선 $E = V$ 이므로 $Q = 6\pi f C V^2$

정기검사(육안검사) □□□ 기 12,16
- 단자의 이완 및 과열 유무 점검
- 용기의 발청 유무 점검
- 유누설 유무 점검
- 용기의 이상변형 유무 점검
- 붓싱(애자)의 커버 파손 유무 점검

내부고장 보호

NCS

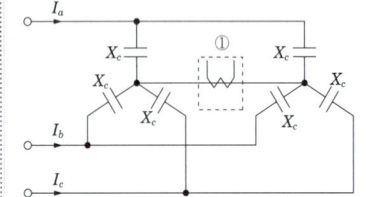

콘덴서 고장시 중성점간에 흐르는 전류를 검출한다.

NVS

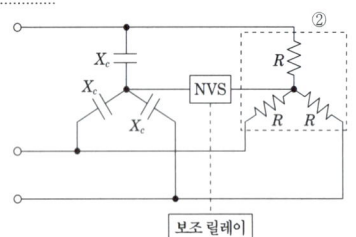

콘덴서 고장시 중성점간에 걸리는 전압을 검출한다.

예비전원설비

발전기

자동 절체 스위치 ATS
변압기 2차측에 설치되며, 정전이 발생되었을 경우 변압기 상호간 절체 또는 발전기를 작동시켜 절체하여 전원을 공급한다.

발전기실의 위치선정 □□□ 기 08
- 엔진 기초는 건물기초와 무관한 장소로 한다.
- 실내 환기를 충분히 할 수 있는 장소이어야 하며, 온도상승을 억제해야 한다.
- 발전기실의 구조는 중량물의 운반, 설치 및 보수유지가 용이한 장소이어야 한다.
- 급배기가 용이하고, 엔진 및 배기관의 소음 및 진동이 주위 환경에 영향을 주지 않아야 한다.
- 급유 및 냉각수 공급이 가능한 장소이어야 한다.
- 전기실과 가까운 장소이어야 한다.

단락비 □□□ 기 96,00,04,05,15,17,20 산 04,05,11

단락비가 큰 기계
- 전기자 권선의 권수가 적고 자속량이 증가
- 부피가 크다.
- 중량이 무겁다.
- 동이 비교적 적고, 철을 많이 사용한다.
- 철기계가 되며, 효율이 낮다.
- 안정도가 크고 선로의 충전용량이 증대된다.

발전기의 병렬운전 □□□ 기 89,98,03,05,08,09,14,15,23 산 89,97,98,05

조건
- 기전력의 크기가 같을 것
- 기전력의 위상이 같을 것
- 기전력의 주파수가 같을 것
- 기전력의 파형이 같을 것
- 고조파 무효횡류 : 전기자 권선의 저항손이 증가하여 과열의 원인이 된다.
- 유효횡류 : 양 발전기 사이에 수수전력을 발생시켜 유효전력을 분담시킨다.
- 무효횡류 : 양 발전기의 역률을 변화시켜 무효전력을 분담시킨다.

발전기의 용량 선정 □□□ 기 90,92,93,00,02,05,06,08,09,10,11,12,13,15,16,18,20 산 92,93,94,00,02,06,09,10,12,13,16,18,20

기동용량이 큰 부하의 경우

발전기 정격 출력[kVA]$\geq$

$\left(\dfrac{1}{\text{허용 전압 강하}} - 1\right) \times X_d \times$ 기동용량

기동용량 $= \sqrt{3} \times$ 정격전압 $\times$ 기동전류 $\times \dfrac{1}{1,000}$ [kVA]

기동 용량 : 2대 이상의 전동기가 동시에 기동하는 경우는 2개의 기동 용량을 합한 값과 1대의 기동 용량인 때를 비교하여 큰 값의 쪽을 택한다.

디젤 발전기 출력 □□□ 산 90,08,10,11,12

$P = \dfrac{BH\eta_g \eta_t}{860\, T\cos\theta}$ [kVA]

여기서, η_g : 발전기효율, η_t : 엔진효율
T : 운전시간[h], B : 연료소비량[kg]
H : 연료의 열량[kcal/kg], 1[kWh]=860[kcal]

축전지 □□□ 기 87,88,90,95,97,98,00,03,04,09,12,13,14,15,16,17,20,21 산 89,95,96,97,98,99,01,02,03,14,19

알칼리축전지

특징
- 수명이 길다.
- 진동과 충격에 강하다.
- 충방전 특성이 양호하다.
- 방전시 전압 변동이 작다.
- 사용 범위가 넓다.
- 연축전지보다 공칭전압이 낮다.
- 가격이 비싸다.

공칭전압
1.2 V/cell

연축전지

공칭전압
2.0 V/cell

보호계전기

지락보호   □□□ 기 95 산 97,06,09,17,20
- 잔류회로방식
- 영상분로방식
- 영상변류기와 지락계전기
- SGR과 DGR

SGR
ZCT와 조합하여 사용

DGR
CT와 조합하여 사용, 300/5 이하의 변류비를 사용하는 경우 잔류회로방식 채용하며 400/5 이상의 경우는 3권선 CT를 채용한다.

영상전류 검출방법
- 영상변류기에 의한 방법
- Y결선의 잔류회로를 이용하는 방법
- 3권선 CT를 이용하는 방법(영상분로방식)
- 중성선 CT에 의한 검출 방법
- 콘덴서접지와 누전차단기 조합에 의한 방법

비율차동계전기 87   □□□ 기 98,06,10,12,15,20,21 산 97,04,07,08,11,17

결선
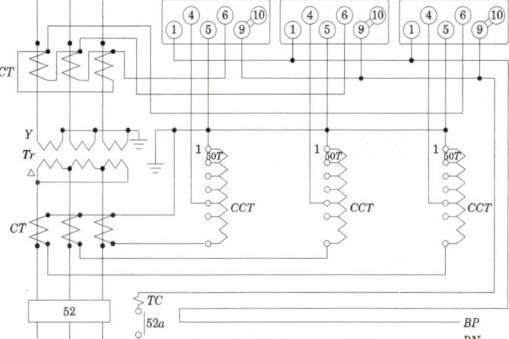

전류의 흐름
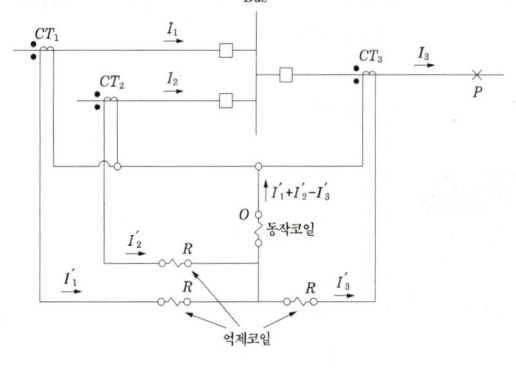

87T
주변압기 내부 고장시 변압기 보호(내부고장보호)

보호계전기 오동작 원인   □□□ 기 17
- 여자돌입전류
- 취부위치에서 예상할 수 있는 경사, 충격 및 진동
- 변류기의포화

전력용콘덴서

역률개선공식   □□□ 기 01,02,04,06,07,08,10,11,13,14,15,16,21,22,23 산 01,02,03,06,07,08,10,11,13,14,15,17,18,20,21,22,23

$$Q_c = P\tan\theta_1 - P\tan\theta_2 = P(\tan\theta_1 - \tan\theta_2)$$
$$= P\left(\frac{\sin\theta_1}{\cos\theta_1} - \frac{\sin\theta_2}{\cos\theta_2}\right)$$
$$= P\left(\frac{\sqrt{1-\cos^2\theta_1}}{\cos\theta_1} - \frac{\sqrt{1-\cos^2\theta_2}}{\cos\theta_2}\right)[kVA]$$

여기서, $\cos\theta_1$: 개선 전 역률, $\cos\theta_2$: 개선 후 역률

역률개선의 원리   □□□ 기 01,02,14,19 산 92,01,02,14,19
부하에 병렬로 콘덴서를 설치하여 진상전류를 흘려줌으로써 무효전력을 감소시켜 역률을 개선한다.

역률이 저하하는 경우   □□□ 기 92,01,02,14,19 산 94,04,17
- 전력손실이 커진다.
- 전압강하가 커진다.
- 전기요금이 증가한다.
- 전원설비가 부담하는 용량이 증가한다.

역률개선효과   □□□ 기 13,14 산 14,15,23
- 변압기와 배전선의 전력 손실 경감
- 전압강하 감소
- 전원설비 용량의 여유 증가
- 전기 요금의 감소

전력손실   □□□ 산 10
전력손실 $P_L = \dfrac{P^2 R}{V^2 \cos^2\theta}$ 에서 $P_L \propto \dfrac{1}{\cos\theta^2}$

역률 과보상시 현상   □□□ 기 99,04,12,14,15 산 17
- 전력 손실 증가
- 단자 전압 상승
- 계전기 오동작
- 고조파 왜곡 증대

2장 전기설비설계

변압기

변압기 중성점 접지
□□□ 기 95,99,02,12,18

목적
- 낙뢰, 개폐서지 등에 의한 이상전압을 억제한다.
- 전력계통에서 발생하는 대지전위의 상승을 억제한다.
- 지락사고시 발생하는 지락전류를 검출하여 보호계전기의 동작을 확실하게 한다.
- 고저압 혼촉시 저압측 전위상승을 억제하여 저압측에 연결된 기계기구의 절연을 보호한다.
- 1선 지락시 건전상 전위 상승을 억제, 전로 및 기기의 절연레벨을 경감한다.
- 간헐 아크 지락, 기타 개폐서지 등에 의한 이상전압을 억제한다.

접지저항값
$$\frac{150}{1선\ 지락\ 전류}$$
- 자동 차단하는 장치가 1초 이내 동작하면 600V
- 자동 차단하는 장치가 1초~2초 이내 동작하면 300V

변압기 모선방식
□□□ 기 90,97,02,03,05,11,18,23 산 93,00

- 단모선 방식
- 복모선 방식(2중모선, 절환모선, 1.5차단 방식)
- 환상모선 방식
- 모선 또는 이를 지지하는 애자는 단락전류에 의해 생기는 기계적 충격에 견디는 강도이어야 한다.

2중 모선

- B모선을 점검하기 위하여 절체하는 조작순서
- B모선 점검이므로 A모선의 No.1 T/L은 조작이 수반되지 않는다.
- 따라서 B모선을 기준으로 보면 31 DS가 부하측 단로기에 해당한다.
  - 31, 32(DS) on
  - 30(Tie CB) on : A, B 모선 병렬운전
  - 21(DS) on : No.2 T/L 병렬운전
  - 22(DS) off : No.2 T/L A모선으로 부하 전환
  - 30(Tie CB) off : B모선 사선
  - 31, 32(DS) off : B모선 휴전작업을 위한 안전초치 (Tie CB측의 DS는 휴전 적업시 반드시 off 해야 한다. 또 CB DS의 조작 순서에 유의해야 한다)
- B모선 점검 후 원상복귀
  - 31, 32(DS) on
  - 30(Tie CB) on : B모선 가압
  - 22(DS) on : No.2 T/L A, B모선 병렬운전
  - 21(DS) off : No.2 T/L B모선으로 부하 전환
  - 30(Tie CB) off
  - 31, 32(DS) off

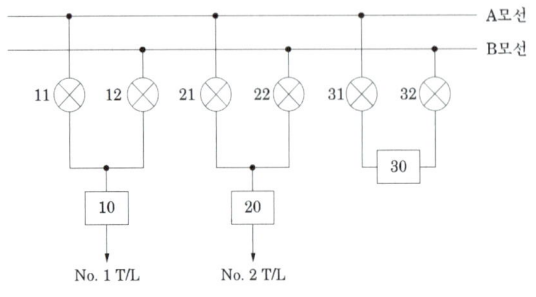

냉각방식
□□□ 기 09,10

- IEC 76에 의한 냉각방식의 분류

냉각방식	표시기호	권선철심의 냉매체		주위의 냉각매체	
		종류	순환방식	종류	순환방식
건식자냉식	AN	공기	자연	–	–
건식풍냉식	AF	공기	강제	–	–
건식밀폐자냉식	ANAN	공기(가스)		공기(가스)	자연
유입자냉식	ONAN	유	자연	공기	자연
유입풍냉식	ONAF	유	자연	공기	강제
유입수냉식	ONWF	유	자연	냉각수	강제
송유자냉식	OFAN	유	강제	공기	자연
송유풍냉식	OFAF	유	강제	공기	강제
송유수냉식	OFWF	유	강제	냉각수	강제

- ONAN : Natural oil cooling(ON) Natural air cooling(AN)
- OFAF : Forced oil cooling(OF) Forced air cooling(AF)
- OFWF : Forced oil cooling(OF) Forced water cooling(WF)
- ODAF : Directed oil cooling(OD) Forced air cooling(AF)

전압변동률
□□□ 기 22 산 19

$$\epsilon = \frac{V_{20} - V_{2n}}{V_{2n}} \times 100 ≒ p\cos\theta + q\sin\theta$$

여기서, V_{20} : 무부하 2차 단자 전압, V_{2n} : 정격 2차 단자 전압
- $\epsilon ≒ p\cos\theta + q\sin\theta$

보호계전기

보호계전기의 적용
□□□ 기 95,06

사고별	수전단	주변압기	배전선	전력콘덴서
과전류	OCR	OCR	OCR	OCR
과전압	–	–	OVR	OVR
저전압	–	–	UVR	UVR
접지	–	–	GR, SGR	–
변압기보호		Diff.R		

과전류보호 및 단락보호
□□□ 기 95,05,12,13,15,16,17,20 산 95,96,99,04,05,07,12,13,16,17,20,22

과전류계전기

한시정정
설정값은 보통 전부하 전류의 1.5배로 적용하며, I_t값을 계산 후 2[A], 3[A], 4[A], 5[A], 6[A], 7[A], 8[A], 10[A], 12[A] 탭 중에서 가까운 탭을 선정한다.

한시레버정정
수용설비의 경우 변압기 2차 3상 단락전류의 0.6초 이하에서 동작하도록 설정한다.

순시정정
변압기 2차 3상 단락전류의 150%에 정정한다.
변압기 1차 단락사고에 대하여 동작하며, 2차 단락사고 및 변압기 여자돌입전류에 동작하지 않는다.
정정치 이상의 과전류에 의해 동작하며, 차단기 트립코일을 여자 시킨다.

과전류 계전기 동작시험
- 전류계
- 수저항기
- 사이클카운터

한시계전지
□□□ 산 17,19,23

- 순한시 : 고장 즉시 동작
- 정한시 : 고장후 일정시간이 경과하면 동작
- 반한시 : 고장 전류의 크기에 반비례하여 동작
- 반한시성정한시 : 반한시와 정한시 특성을 겸함

2장 전기설비설계

동력부하설비

방폭기기 □□□ 기 01,07,14,15,20 산 09

방폭형 전동기
지정된 폭발성 가스 중에서 사용에 적합하도록 구조 기타에 관하여 특별히 고려된 전동기

종류
- 내압방폭구조
- 유입방폭구조
- 안전증방폭구조
- 본질안전방폭구조
- 특수방폭구조
- 내압(압력)방폭구조

전기방폭설비
위험지역, 폭발성분위기 속에서 사용에 적합하도록 기술적 조치를 강구한 전기설비, 관련배선, 전선관, 장치 금구류의 총칭

① 본질(本質)안전방폭구조란 상시 운전 중이나 사고시 (단락·지락·단선 등)에 발생하는 불꽃, 아크 또는 열에 의하여 폭발성가스에 점화가 되지 않는 것이 점화시험 또는 기타의 방법에 의하여 확인된 구조를 말한다.

② 내압방폭구조(內壓防爆構造)란 용기 내부에 보호기체, 예를 들면 신선한 공기 또는 불연성가스를 압입(壓入)하여 내압(內壓)을 유지함으로써 폭발성가스가 침입하는 것을 방지하는 구조를 말한다.

③ 내압방폭구조(耐壓防爆構造)란 전폐(全閉)구조로서 용기내부에 가스가 폭발하여도 용기가 그 압력에 견디고 또한 외부의 폭발성가스에 인화될 우려가 없는 구조를 말한다.

④ 안전증방폭구조(安全增加防爆構造)란 상시운전 중에 불꽃, 아크 또는 과열이 발생되면 안 되는 부분에 이들이 발생되는 것을 방지하도록 구조상 또는 온도상승에 대하여 특히 안전도를 증기시킨 구조를 말한다.

⑤ 유입방폭구조(油入防爆構造)란 불꽃, 아크 또는 점화원(點火源)이 될 수 있는 고온 발생의 우려가 있는 부분의 유중(油中)에 넣어 유면상(油面上)에 존재하는 폭발성가스에 인화될 우려가 없도록 한 구조를 말한다.

접지설비

접지의 목적 □□□ 기 90,97,03,08,14,15,16,20 산 90,94,97,03,08,14,15,16,20
- 낙뢰, 개폐서지 등에 의한 이상전압을 억제한다.
- 전력계통에서 발생하는 대지전위의 상승을 억제한다.
- 지락사고시 발생하는 지락전류를 검출하여 보호 계전기의 동작을 확실하게 한다.
- 고저압 혼촉에 의한 저압측 전위상승을 억제하여 저압측에 연결된 기계기구의 절연을 보호한다.

접지저항의 결정요인 □□□ 기 21
- 접지도체와 접지전극의 도체저항
- 접지전극의 표면과 토양 사이의 접촉저항
- 접지전극 주위의 토양성분의 저항 (대지저항률)

접지설계시 고려사항
- 인체의 허용전류 값
- 토지의 고유저항 및 접지저항 값
- 접지전위 상승
- 접지극 및 접지선의 크기와 형상
- 보폭전압과 접촉전압

접지저항 저감방법 □□□ 기 08,11,12,13,16 산 08,12,16
- 접지극의 길이를 길게 한다.
- 접지극을 병렬로 접속한다.
- 접지봉의 매설깊이를 깊게 한다.
- 접지저항 저감제를 사용한다.
- 메쉬 접지를 시행한다.

저감재 구비조건 □□□ 산 11,13
- 인축이나 식물에 대한 안전성을 확보해야 한다.
- 토양을 오염시키지 않아야 한다.
- 전기적으로 양도체이어야 하며, 주위 토양보다 도전도가 높아야 한다.
- 지속성이 있어야 한다.
- 전선을 부식시키지 않아야 한다.
- 저감효과가 커야 한다.
- 경년에 따른 변화가 없어야 하며, 계절에 따른 접지저항의 변화가 없어야 한다.

접지저항의 측정 □□□ 기 91,93,05,10,11,19

콜라우시 브리지법 □□□ 산 03,11,15,22

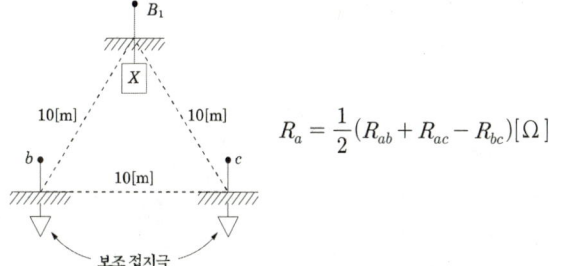

$$R_a = \frac{1}{2}(R_{ab} + R_{ac} - R_{bc})[\Omega]$$

접지저항계 □□□ 기 96,06,11 산 08,10

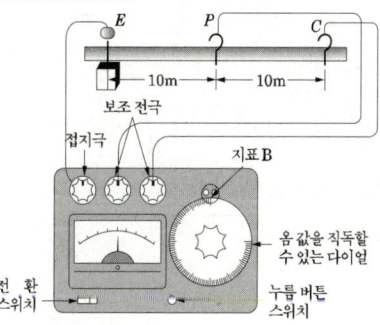

전위강하법 □□□ 기 14,17

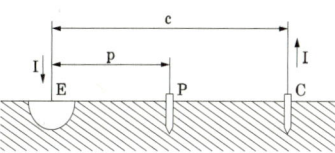

EP 사이의 거리 P는 EC사이 거리 C의 61.8%가 되도록 설치한다.

웨너의 4전극법 □□□ 기 08,13

① 대지저항

$\rho[\Omega \cdot m] = 2\pi aR = 40\pi dR$

여기서 ρ : 흙의 저항율[$\Omega \cdot m$]
 a : 전극간의 거리(단, $a = 20d$ 조건)
 R : 저항 값(V/I : 측정치)
 d : 전극의 매설 깊이

②

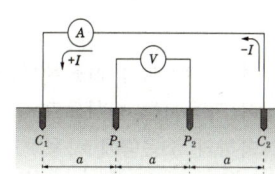

4개의 접지전극이 지표면에 설치되어 접지전극간에 흐르는 전류 I와 접지전극간에 걸리는 전압 V를 측정하여 대지저항률을 추정하는 방법으로, 외부측의 두 접지극 C_1과 C_2 사이에 전원을 연결해서 대지에 전류를 흘리고, 내부측 두 접지전극 P_1과 P_2 사이에 생기는 전위차를 측정하여 V/I 로부터 접지저항 $R[\Omega]$을 구하여 $2\pi aR$식으로부터 대지저항을 구한다.

접지저항의 계산 □□□ 기 14,22 산 21

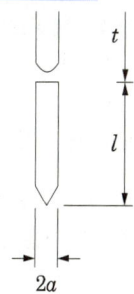

$R = \frac{\rho}{2\pi l} \ln \frac{2l}{r}[\Omega]$: Tagg

$R = \frac{\rho}{2\pi l}(\ln \frac{4l}{r} - 1)[\Omega]$: Dwight, Sunde

여기서 R : 접지봉 1개의 접지저항값
 ℓ : 접지봉의 매입 길이 [cm]
 a : 접지봉의 반지름 [cm]
 ρ : 대지고유저항 [$\Omega \cdot cm$]

2장 전기설비설계

동력부하설비

3상 유도전동기 □□□ 기 90,07,11,17 산 05,12,22

농형 유도전동기

기동법

전동기 형식	기동법	기동법의 특징
농형	직입기동	전동기에 직접 전원을 접속하여 기동하는 방식으로 5[kW] 이하의 소용량에 사용
	Y−Δ기동	1차 권선을 Y접속으로 하여 전동기를 기동시 상전압을 감압하여 기동하고 속도가 상승되어 운전속도에 가깝게 도달하였을 때 Δ접속으로 바꿔 큰 기동전류를 흘리지 않고 기동하는 방식으로 보통 5.5~37[kW] 정도의 용량에 사용
	기동보상기법	기동전압을 떨어뜨려서 기동전류를 제한하는 기동방식으로 고전압 농형 유도 전동기를 기동할 때 사용
권선형	2차 저항기동	유도전동기의 비례추이 특성을 이용하여 기동하는 방법으로 회전자 회로에 슬립링을 통하여 가변저항을 접속하고 그의 저항을 속도의 상승과 더불어 순차적으로 바꾸어서 적게 하면서 기동하는 방법
	2차 임피던스기동	회전자 회로에 고정저항과 리액터를 병렬 접속한 것을 삽입하여 기동하는 방법

- 전전압 기동법

- 리액터기동
  전동기의 전원측에 직렬로 접속하여 리액터의 전압강하에 의해 전동기에 인가되는 전압을 감압시켜 기동하는 방법

- Y−Δ 기동법 □□□ 기 96,04,06,15,17 산 08,20
  − 기동전압 $1/\sqrt{3}$
  − 기동전류 $1/3$
  − 기동토크 $1/3$

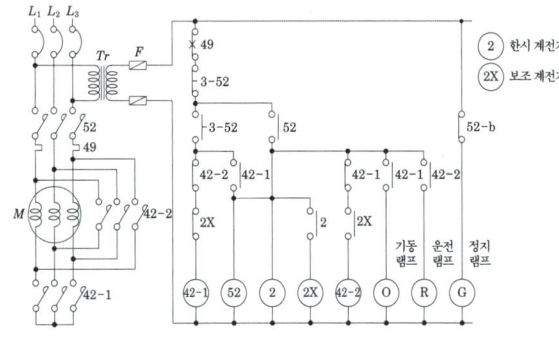

제동법
- 역상제동
  회전하고 있는 전동기를 급정지하는 경우 3선중 2선의 접속을 변경시키면 회전자계가 반대로 되어 급속히 정지할 수 있다.

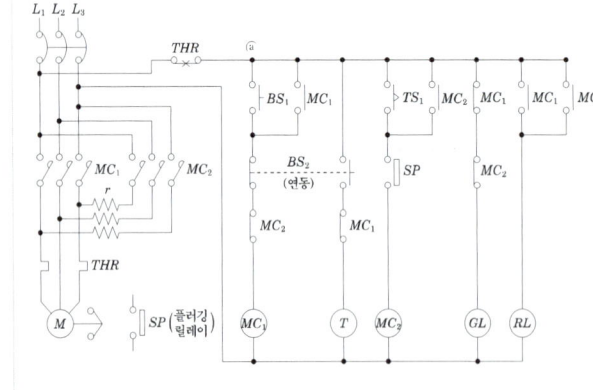

속도제어 □□□ 산 15
- 전원전압 제어법
- 극수 변환법
- 주파수 변환법

권선형 유도전동기

속도제어
- 2차저항법
- 2차여자법

역회전
전원의 3선중 2선의 접속을 반대로 한다.

주파수를 50Hz를 60Hz로 증가하면
- 무부하 전류 5/6 감소
- 온도상승 5/6 감소
- 속도 6/5 증가

슬립 □□□ 산 23
$$s = \frac{N_s - N}{N_s} \times 100[\%]$$

동력설비 에너지절약방안 □□□ 기 10,17
- 고효율 전동기 채용
- 역률개선용 콘덴서를 전동기별로 설치
- VVVF 시스템 채용
- 히트펌프, 폐열회수 냉동기 채용, 흡수식 냉동기 채용
- 엘리베이터 군관리 운전방식 운전댓수 제어
- 부하에 맞는 적정용량의 전동기 선정

자기여자현상 □□□ 기 13,20

발생이유
콘덴서의 용량성 무효전류가 유도전동기의 자화전류보다 클 때 발생

현상
전동기의 단자전압이 일시적으로 정격전압을 초과하는 현상

결과
전동기의 권선열화 후 절연고장 발생

교류 전동기의 보호방법 □□□ 기 09,10,15
- 지락보호 · 단락보호
- 저전압 보호 · 불평형 보호
- 회전자 구속보호
- 단상 전동기에 과부하 보호장치를 하지 않아도 되는 전동기 용량 : 0.2kW

진동과 소음 □□□ 기 17

진동
- 회전자 편심
- 축이음의 중심불균형
- 베어링 불량
- 회전자와 고정자의 불균형
- 고조파등에 의한 회전자계 불균등

소음
- 기계적 소음 : 베어링 회전음, 회전자 불균형, 브러시의 습동음, 전동기의 설치불량으로 발생하는 소음
- 전자적인 소음 : 고정자, 회전자에 작용하는 주기적인 전자력에 의한 철심의 진동에 의하여 생기는 소음
- 통풍소음 : 냉각팬이나 회전자 덕트 등에서 통풍상의 회전에 따르는 공기의 압축, 팽창에 의한 소음

전기(산업)기사 실기

PART 02
속성 암기법

속성 암기법

	체크리스트	점수	출제년도
1	조명설비 에너지 절약 → 암기법 고3 창측 전동은 격조높게	5	91.98.08.09.10.13.16
2	기구배치에 따른 조명방식 → 암기법 전국2 TAL : 전국이탈 배치	5	20
3	피뢰기 설치위치 → 암기법 배변 특가	5	09
4	스폿네트워크 수전방식 → 암기법 배변 2배 1사후 무정전 / 무신 전부	7	09.15
5	수변전설비 기본설계시 검토사항 → 암기법 필수 주변 감시	5	08.10
6	몰드 변압기 장단점 → 암기법 소 내장 전부를 절여 먹는다	6	96.07.10.11.12.18.19
7	옥외용 변전소내 변압기 사고 → 암기법 고부 3권	5	07.13
8	디지털 계전기의 장점 → 암기법 고소융 변신	5	07
9	전기설비의 방폭구조 → 암기법 방폭 유압 안내	5	01.07.22
10	단락전류의 적용 → 암기법 전자력 차단기 보호	6	06
11	고조파 전류의 발생원인 → 암기법 송전용 변전 컨버터	6	07.08.17
12	고조파가 전기설비에 미치는 장애 → 암기법 고조파 기상통보	6	06
13	고조파 억제대책 → 암기법 변압기 전기 리필 하면 직렬 단분리 발생	6	01.02.14
14	적산전력계 구비조건 → 암기법 과부의 온기	7	94.00.05.18
15	단락용량 경감 대책 → 암기법 고모는 한류 직격	5	05
16	전자릴레이의 장단점 → 암기법 과부 온전 / 수소 응답 소진	6	95.02
17	알칼리 축전지의 장점 → 암기법 수진 충 방사 : 수진이는 충청도 방언을 사용해	6	97.02
18	지중 전선로를 채택하는 이유 → 암기법 도보 수사	6	95.00
19	다중접지 배전방식의 장단점 → 암기법 대피단계 / 기차통과	6	09
20	역률 과보상시 현상 → 암기법 고모앞 설계	5	17
21	경부하시 콘덴서가 과대 삽입되는 경우의 결점 → 암기법 고모앞 설비	3	99.04.12
22	변압기 효율이 떨어지는 경우 → 암기법 경부선 역	6	93
23	복도체 방식 → 암기법 코로나 안송인 / 흡폐 : 흡연은 폐에 나쁘다	5	01.03.14
24	과전류차단기 시설제한 → 암기법 저압 접지다	6	97.00.22

체크리스트		점수	출제년도
25	유도장해 전력선측 대책 → 암기법 중고차 전송 통통배 전절연	6	97.99.12.17
26	수변전설비 에너지 절감 방안 → 암기법 최고변전 / 전뱅최고 : 전기 뱅크 최고	5	10
27	동력설비 에너지 절약 방안 → 암기법 부부고전 폐인	5	10.17
28	단상유도 전동기 기동법 → 암기법 세분 반 콘덴서	5	20
29	플리커 전원측 대책 → 암기법 전공단락 전부전부	6	04.11.14.16
30	공용접지의 장단점 → 암기법 저항수량 단순신뢰 / 유사 뇌서지	8	98.08
31	도로조명 성능상 고려사항 → 암기법 눈휘 밝고 유연할 것	8	03.05.09
32	GIS 장점 → 암기법 소충 소대 공조 : 소충수대와 공조해야...	5	10.19
33	절연유 구비조건 → 암기법 고점 인화 : 높은 온도에서 인화	6	98
34	건식변압기 장점 → 암기법 소화기 내	4	99.03.05
35	농형 유도 전동기 기동법 → 암기법 Y리 전기 : 양촌리 전기	6	05
36	감시제어기기의 구성요소 → 암기법 감시제어 기계	6	05
37	피뢰기 구비조건 → 암기법 제방이 낮아서(↓) / 속상 하다(↑)	10	94.04.15.16
38	갭레스 피뢰기 특징 → 암기법 제한 직선 구조	6	99
39	피뢰기 종류 → 암기법 갭2, 밸2	4	96.22
40	콘덴서 조작 방식의 제어요소 → 암기법 무역시 압류	4	96.04.10
41	△-△ 결선의 장단점 → 암기법 제1각 / 중권각	9	97.04.07.14
42	전선의 굵기 선정시 고려사항 → 암기법 허전기	5	99.03.04.11.12.14.17.18
43	자가용 전기설비의 중요 검사항목 → 암기법 측정2, 시험2	4	93.02
44	SG6 가스의 특성 → 암기법 소절무안 / SF영화에서 소가 무 보고 안절부절 한다	5	97.08
45	접지의 목적 → 암기법 이상 보호 기대	5	90.97.03.08.14.16.20
46	송배전 선로의 중성전 접지 목적 → 암기법 1건 이상 지락	5	14.15.16
47	변압기 소손원인 → 암기법 상층 혼절 지역에서	5	08.10.15

	체크리스트	점수	출제년도
48	과전류 계전기가 동작하는 단락사고 원인 → 암기법 절전선 접촉	8	08
49	퓨즈 특성 → 암기법 단전용	5	93.96.13
50	퓨즈의 장단점 → 암기법 고릴라가 소형 / 차동 결재비	4	12.17
51	변압기 소형화 경량화 이유 → 암기법 절연 철심 냉각은 3고	12	94
52	발전기실 위치 선정시 고려사항 → 암기법 급전실 기초 발급	5	08
53	변전실 위치 선정시 고려사항 → 암기법 물건 발기부전하니 눈에 폭풍 습기찬다	5	01.02.03.15.17
54	트립방식 4가지 → 암기법 콘직과부 : 콘서트 직전 과부	5	00.05
55	변압기 보호장치 → 암기법 온도충격 방비	5	95.11.21
56	절연협조 → 암기법 피변기 결선 / 선로 결합 기기를 변경해서 피봤다	4	88.96.08
57	코로나 영향과 대책 → 암기법 코로나 고 잡음 전부	8	99
58	배전선 전압조정 → 암기법 선유도 주병직 고자	3	05.17
59	변압기의 병렬운전 조건 → 암기법 병렬 극성 내 전임	4	08.17.18.20
60	슬림라인 형광등 장점 → 암기법 양 전기 시점	5	98.04
61	접지개소 → 암기법 금속제 피고 안고	8	90.97.03.08.14.16.20
62	접지저항에 영향을 주는 인자 → 암기법 접지도체 접대	5	21
63	피뢰등급 관계 데이터 → 암기법 회전뇌 위험 인접	6	21
64	건축화조명 천정면 → 암기법 광고라 다핀 꽃 매입 밸코오니창	6	21
65	수뢰부 시스템 → 암기법 수평 돌맹이 구성 / M회보 배치	6	21
66	공통접지의 특징 → 암기법 수신함 접촉 감소	5	15.20
67	직렬리액터의 사용목적 → 암기법 모유 코일처럼 돌고	4	13.20
68	태양광 발전의 장점 → 암기법 규일이 친자 확인	6	11.19
69	피뢰기 설치시 점검사항 → 암기법 피뢰기 애자 단절	5	13
70	UPS 고장회로 분리 → 암기법 반(1/2) 배속	5	15
71	할로겐램프의 장점 → 암기법 열배단위 초연한 수정별	5	16
72	LED 램프의 특성 → 암기법 수소는 효자. 친환경 적이다	5	14
73	T-5 램프의 특징 → 암기법 효연이 극기 수유	5	14

	체크리스트	점수	출제년도
74	형광등이 백열전등에 비해 우수한 점 → 암기법 형수눈 열받아효 / 점등 역률은 깜빡했다	4	92.95.98.02
75	전기화재 발생원인 → 암기법 과접촉 누전은 단기불량	5	10
76	감전피해의 위험도를 결정 → 암기법 감전은 경종시 크기가 위험한다	5	09
77	저감재의 구비조건 → 암기법 오변된 전지는 안양에 효과 있다	6	11.13
78	접지저항을 저감시키는 방법 → 암기법 저 병길이 심심타 메	5	08.12.16
79	독립접지의 이격거리 결정하는 요인 → 암기법 대 유전	5	13
80	전동기 진동 → 암기법 불편중 회고 전기통풍	5	17
81	전동기 기동이 되지 않는 원인 → 암기법 공회전 단권기 오접속	8	97
82	전동기 보호 → 암기법 지구불 단전	5	09.10.15
83	전동기 과부하 보호장치 설치하지 않아도 되는 경우 → 암기법 자취권 성질 15 4 0.2	5	10
84	전동기 과부하 보호장치의 종류 → 암기법 퓨즈 열배 정지	5	09.10
85	보호계전기 오동작 원인 → 암기법 여자 미유진 포습 제계	3	17
86	변압기 과부하 운전 조건 → 암기법 여부주온단 : 여러 부하의 주위 온도가 단시간인 경우	5	93.06
87	단권변압기의 장단점 → 암기법 전부 동동주 1차 누설 열	6	96.99
88	아몰퍼스 변압기의 장단점 → 암기법 과부 수명 1/5 압축 제작 포화	9	13
89	부등률의 의미 → 암기법 최기사 다	5	96
90	부하율의 작다의 의미 → 암기법 공유사용으로 가동률 저하	4	95.03.08.11.13
91	보호계전기에 필요한 특성 → 암기법 속도 신선감	4	12
92	최대전력 억제대책 → 암기법 피시맨 제어	6	18

문 1
출제년도 91.98.08.09.10.13.16.(5점/각 항목당 1점, 모두 맞으면 5점)

공장 조명 설계시 에너지 절약대책을 4가지만 쓰시오.

[작성답안]
① 고효율 등기구 채용 (LED 램프 채용, T5형광등 채용)
② 고조도 저휘도 반사갓 채용
③ 적절한 조광제어실시
④ 고역률 등기구 채용

그 외
⑤ 등기구의 적절한 보수 및 유지관리
⑥ 창측 조명기구 개별점등
⑦ 전반조명과 국부조명의 적절한 병용 (TAL조명)
⑧ 등기구의 격등제어 회로구성

■ 조명설비에 있어서 전력을 절약

[암기법] 고3 창측 전등은 격조높게
- **고**효율 등기구 채용 (LED 램프 채용, T5형광등 채용)
- **고**조도 저휘도 반사갓 채용
- **고**역률 등기구 채용

- **창측** 조명기구 개별점등
- **전**반조명과 국부조명의 적절한 병용 (TAL조명)
- **등**기구의 적절한 보수 및 유지관리

- 등기구의 **격**등제어 회로구성
- 적절한 **조**광제어실시

문 2 출제년도 20.(5점/각 항목당 1점, 모두 맞으면 5점)

조명방식 중 기구 배치에 따른 조명방식의 종류 3가지를 쓰시오.

[작성답안]
① 전반조명 방식
② 국부조명 방식
③ 국부적 전반조명 방식
그 외
④ TAL 조명방식 (Task & Ambient Lighting)

■ 기구배치에 따른 조명방식

[암기법] 전국2 TAL : 전국이탈 배치
- **전**반조명 방식
- **국**부조명 방식
- **국**부적 전반조명 방식
- **TAL** 조명방식 (Task & Ambient Lighting)

문 3
출제년도 09.(5점/부분점수 없음)

그림에서 피뢰기 시설이 의무화되어 있는 장소를 도면에 ●로 표시하시오.

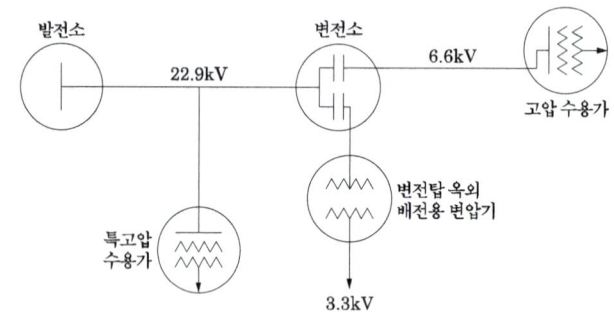

[작성답안]

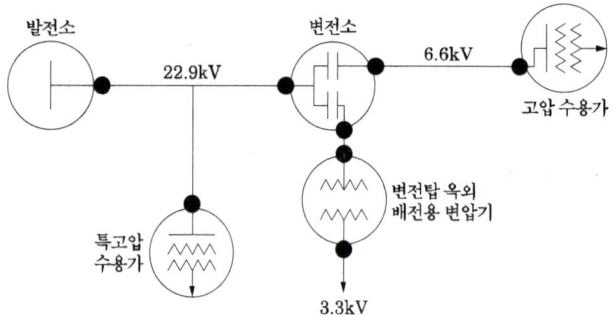

■ 피뢰기의 설치위치

[암기법] 배변 특가
- 배전용 변압기 1차측
- 발전소, 변전소 또는 이에 준하는 장소의 인입 및 인출구
- 고압 특고압 수용가의 인입구
- 가공전선로와 지중전선로가 만나는 곳

문 4

출제년도 09.15.(7점/(1)3점, (2)4점)

스폿 네트워크(SPOT NETWORK) 수전방식에 대하여 설명하고 특징을 4가지만 쓰시오.

(1) 설명

(2) 특징(4가지)

[작성답안]

(1) 전력회사 변전소에서 하나의 전기사용장소에 대하여 2회선 이상의 22.9[kV-Y] 배전선로로 공급하고, 각각의 배전선로로 시설된 수전용 네트워크변압기의 2차측을 상시 병렬 운전하는 배전방식을 말한다.

(2) 특징
- 배전선 1회선, 변압기 뱅크 사고시에도 무정전 공급이 가능하다.
- 배전선 보수시 1회선이 정지하여도 구내 정전은 발생되지 않는다.
- 배전선 정지 및 복구시 변압기 2차측 차단기의 개방 및 투입이 자동적으로 이루어진다.
- 설비 중에서 고가인 1차측 차단기가 필요하지 않는다.

그 외
- 차단기 대신에 단로기로 대치한다.
- 1회선 정지시에도 나머지 변압기의 과부하 운전으로 최대수요전력 부담한다.
- 표준 3회선으로서 67[%]까지 선로 이용률을 올릴 수 있다.
- 부하 증가와 같은 수용 변동의 탄력성이 좋다.
- 대도시 고부하밀도 지역에 적합하다.

■ Spot Network 수전방식

[암기법] 배변 2배 1사후 무정전

<u>배</u>전용 <u>변</u>전소로부터 <u>2</u>회선 이상의 <u>배</u>전선으로 수전하는 방식으로 배전선 <u>1</u>회선에 <u>사</u>고가 발생한 경우 다른 건전한 회선으로부터 자동적으로 수전할 수 있는 <u>무정전</u> 방식으로 신뢰도가 매우 높은 방식이다.

[암기법] 무신 전부 : 고려 무신정권이 전부

- <u>무</u>정전 전력공급 가능.
- 공급 <u>신</u>뢰도가 높다.
- <u>전</u>압 변동률이 낮다.
- <u>부</u>하 증가에 대한 적응성이 좋다.

문 5

출제년도 08.10.(5점/각 항목당 1점)

수변전설비를 설계하고자 한다. 기본설계에 있어서 검토할 주요 사항을 5가지만 쓰시오.(단, "경제적일 것" 등의 표현은 제외하고, 기능적인 측면과 기술적인 측면을 고려하여 작성하시오.)

[작성답안]
- 필요한 전력의 추정
- 주회로의 결선방식
- 변전설비의 형식
- 수전전압 및 수전방식
- 감시 및 제어방식

그 외
- 변전실의 위치와 면적

■ 수변전설비 기본설계시 검토사항

[암기법] **필수 주변 감시**

- **필**요한 전력추정
- **수**전전압 및 수전방식

- **주**회로 결선방식
- 사용**변**전설비의 형식

- **감시** 및 제어방식

문 6 출제년도 96.07.10.11.12.18.19.(6점/각 항목당 1점, 모두 맞으면 6점)

유입 변압기와 비교하여 몰드 변압기의 장점 5가지 쓰시오.

[작성답안]
- 자기 소화성이 우수 하므로 화재의 염려가 없다.
- 코로나 특성 및 임펄스 강도가 높다.
- 소형 경량화 할 수 있다.
- 습기, 가스, 염분 및 소손 등에 대해 안정하다.
- 보수 및 점검이 용이하다.

그 외
- 저진동 및 저소음
- 단시간 과부하 내량 크다.
- 전력손실이 감소

■ 몰드 변압기의 장단점

[암기법] 소내 전 절연 : 소 내장 전부를 절여 먹는다
- <u>소</u>형 경량화 가능
- <u>내</u>습, 내진성이 양호
- <u>전</u>력손실이 적다
- <u>절</u>연유를 사용하지 않아 유지보수가 용이
- 난<u>연</u>성이 우수하다

문 7
출제년도 07.13.(5점/각 항목당 1점)

옥외용 변전소내의 변압기 사고라고 생각할 수 있는 사고의 종류 5가지만 쓰시오.

[작성답안]
- 권선의 상간단락 및 층간단락
- 권선과 철심간의 절연파괴에 의한 지락고장
- 고 · 저압 권선의 혼촉
- 권선의 단선
- Bushing lead의 절연파괴

■ 옥외용 변전소내의 변압기 사고

[암기법] 고부 3권
- <u>고</u>저압 권선의 혼촉
- <u>부</u>싱 리드선의 절연파괴

- <u>권</u>선과 상간단락 및 층간단락
- <u>권</u>선과 철심간의 절연파괴에 의힌 지락사고
- <u>권</u>선의 단선

문 8   출제년도 07.(5점/각 항목당 1점)

아날로그형계전기에 비교할 때 디지털형계전기의 장점 5가지만 쓰시오.

[작성답안]
① 고성능, 다기능화가 가능하다.
② 소형화 가능하다.
③ 신뢰도가 높다.
④ 융통성이 높다.
⑤ 변성기의 부담이 작아진다.
그 외
⑥ 표준화가 가능하다.

■ **아날로그형 계전기에 비교할 때 디지털 계전기의 장점**

[암기법] 고소융 변신 : 고소영 변신

- **고**성능 다기능화 가능
- **소**형화 가능
- **융**통성이 높다

- **변**성기의 부담이 적어진다.
- **신**뢰도가 높다

문 9 출제년도 01.07.22.(5점/부분점수 없음)

전기설비를 방폭화한 방폭기기의 구조에 따른 종류 4가지만 쓰시오.

[작성답안]
① 내압 방폭구조
② 유입 방폭구조
③ 안전증 방폭구조
④ 본질안전 방폭구조

■ 전기설비의 방폭구조

[암기법] 방폭 유압 안내
- **유**입방폭구조
- **압**력방폭구조
- **안**전증가방폭구조
- **내**압 방폭구조
- **본**질안전방폭구조

문 10

출제년도 06.(6점/각 항목당 1점, 모두 맞으면 5점)

수전설비에 있어서 계통의 각 점에 사고시 흐르는 단락 전류의 값을 정확하게 파악하는 것이 수전설비의 보호 방식을 검토하는 데 아주 중요하다. 단락 전류를 계산하는 것은 주로 어떤 요소에 적용하고자 하는 것인지 그 적용 요소에 대하여 3가지만 설명하시오.

[작성답안]
① 차단기의 정격차단용량 선정
② 보호계전기의 정정
③ 기기에 가해지는 전자력의 추정

■ 단락전류를 계산하는 것은 주로 어떤 요소에 적용하고자 하는 것인지 그 적용 요소에 대해 3가지

[암기법] 전자력 차단기 보호
- 기기에 가해지는 전자력의 추정
- 차단기의 차단 용량 결정
- 보호계전기의 정정

문 11

출제년도 07.08.17.(6점/각 문항당 3점)

전원에 고조파 성분이 포함되어 있는 경우 부하설비의 과열 및 이상현상이 발생하는 경우가 있다. 이러한 고조파 전류가 발생하는 주원인과 그 대책을 각각 3가지씩 쓰시오.

(1) 고조파 전류의 발생원인

(2) 대책

[작성답안]

(1) 고조파 전류의 발생원인

① 전기로, 아크로 등

② Converter, Inverter, Chopper 등의 전력 변환 장치

③ 전기용접기 등

그 외

④ 송전 선로의 코로나

⑤ 변압기, 전동기 등의 여자 전류

⑥ 전력용 콘덴서 등

(2) 대책

① 전력 변환 장치의 pulse 수를 크게 한다. (또는 변환장치의 多 펄스화)

② 고조파 필터를 사용하여 제거한다.

③ 변압기 결선에서 △결선을 채용하여 고조파 순환회로를 구성하여 외부에 고조파가 나타나지 않도록 한다.

④ 전원측에 교류 리액터 설치

⑤ 전원 단락용량의 증대

⑥ 고조파부하를 분리하여 전용화

⑦ 필터설치(교류필터, 액티브필터)

⑧ 기기의 고조파 내량 증가

⑨ 고조파 성분 발생부하의 억제

⑩ 콘덴서 회로에 직렬리액터설치
⑪ 위상변위변압기에 의한 위상이동 (Phase Shift TR)
⑫ 영상전류 제거장치 NCE (Neutral Current Eliminator)
⑬ UHF (LINEATOR)설치 (Universal Harmonic Filter)

■ 고조파 전류의 발생원인

[암기법] 송전용 변전 컨버터
- 송전 선로의 코로나
- 전기로, 아크로 등
- 전기용접기 등

- 변압기, 전동기 등의 여자 전류
- 전력용 콘덴서 등
- Converter, Inverter, Chopper 등의 전력 변환 장치

문 12

출제년도 06.(6점/각 항목당 1점, 모두 맞으면 6점)

선로에서 발생하는 고조파가 전기설비에 미치는 장해를 4가지만 설명하시오.

[작성답안]

① 전력용콘덴서의 경우 고조파 전류에 대한 회로의 임피던스가 공진 현상 등으로 감소해서 과대한 전류가 흐름으로써 과열, 소손 또는 진동, 소음이 발생한다.

② 변압기의 경우 고조파 전류에 의한 철심의 자기적인 왜곡 현상으로 소음 발생한다.

③ 유도전동기의 경우 고조파 전류에 의한 정상 진동 토크의 발생으로 회전수의 주기적인 변동, 철손, 동손 등의 손실증가한다.

④ 케이블의 경우 3상4선식 회로의 중성선에 고조파 전류가 흐름에 따라 중성선이 과열된다.

그 외

⑤ 형광등의 경우 과대한 전류가 역률 개선용 콘덴서나 초크 코일에 흐름에 따라 과열, 소손이 발생한다.

⑥ 통신선의 경우 전자 유도에 의한 잡음 전압의 발생한다.

⑦ 전력량계의 경우 측정 오차 발생, 전류 코일의 소손이 발생한다.

⑧ 계전기는 고조파 전류·전압에 의한 설정 레벨의 초과 내지는 위상 변화에 의한 오 부동작한다.

⑨ 음향기기의 경우 트랜지스터, 다이오드, 콘덴서 등 부품의 고장, 수명저하, 성능열화, 잡음 발생한다.

⑩ 전력퓨즈의 경우 과대한 고조파 전류에 의한 용단한다.

⑪ 계기용 변성기의 경우 측정 정도의 악화된다.

■ 고조파가 전기설비에 미치는 장애

[암기법] 고조파 기상통보

- 전력용 **기**기의 과열 및 소손
- 3**상** 4선식 회로의 중성선 과열
- **통**신선의 유도장해
- **보**호계전기의 오 부동작

문 13 출제년도 01.02.14.(6점/각 항목당 2점)

선로나 간선에 고조파 전류를 발생시키는 발생기기가 있을 경우 그 대책을 적절히 세워야 한다. 이 고조파 억제 대책을 3가지만 쓰시오.

[작성답안]
① 전력 변환 장치의 pulse 수를 크게 한다.(또는 변환장치의 多 펄스화)
② 고조파 필터를 사용하여 제거한다.
③ 변압기 결선에서 △결선을 채용하여 고조파 순환회로를 구성하여 외부에 고조파가 나타나지 않도록 한다.

그외
④ 전원측에 교류 리액터 설치
⑤ 전원 단락용량의 증대
⑥ 고조파부하를 분리하여 전용화
⑦ 필터설치(교류필터, 액티브필터)
⑧ 기기의 고조파 내량 증가
⑨ 콘덴서 회로에 직렬리액터설치

■ 고조파 억제 대책

[암기법] 변압기 전기 리필 하면 직렬 단분리 발생
- **변압기** 결선에서 △결선을 채용하여 고조파 순환회로를 구성하여 외부에 고조파가 나타나지 않도록 한다.
- **전**력 변환 장치의 pulse 수를 크게 한다.(또는 변환장치의 多 펄스화)
- **기**기의 고조파 내량 증가
- 전원측에 교류 **리**액터 설치
- 고조파 **필**터를 사용하여 제거한다.
- 콘덴서 회로에 **직렬**리액터설치
- 전원 **단**락용량의 증대
- 고조파부하를 **분리**하여 전용화
- 고조파 성분 **발생**부하의 억제

문 14

출제년도 94.00.05.18.(7점/(1)3점, (2)4점)

교류용 적산전력계에 대한 다음 각 물음에 답하시오.

(1) 잠동(creeping) 현상에 대하여 설명하고 잠동을 막기 위한 유효한 방법을 2가지만 쓰시오.
   - 잠동현상
   - 잠동을 방지하기 위한 방법

(2) 적산전력계가 구비해야 할 전기적, 기계적 및 기능상 특성을 4가지만 쓰시오.

[작성답안]

(1) ① 잠동 : 무부하 상태에서 정격 주파수, 정격 전압의 110[%]를 인가하여 계기의 원판이 1회전 이상 회전하는 현상

② 방지대책
   - 원판에 작은 구멍을 뚫는다.
   - 원판에 작은 철편을 붙인다.

(2) 구비조건
   ① 온도나 주파수 변화에 보상이 되도록할 것
   ③ 기계적 강도가 클 것
   ③ 부하특성이 좋을 것
   ④ 과부하 내량이 클 것

■ 교류형 적산전력계의 구비조건

[암기법] 과부의 온기
- **과**부하 내량이 클 것
- **부**하특성이 좋을 것
- **온**도나 주파수 변화에 보상이 되도록할 것
- **기**계적 강도가 클 것

문 15

출제년도 05.(5점/각 항목당 1점, 모두 맞으면 5점)

전력계통의 발전기, 변압기 등의 증설이나 송전선의 신·증설로 인하여 단락·지락전류가 증가하여 송변전 기기에 손상이 증대되고, 부근에 있는 통신선의 유도장해가 증가하는 등의 문제점이 예상된다. 따라서 이러한 문제점을 해결하기 위하여 전력계통의 단락용량의 경감 대책을 세워야 한다. 이 대책을 3가지만 쓰시오.

[작성답안]
① 고임피던스 기기의 채용
② 모선계통을 분리 운용
③ 한류 리액터를 설치

그 외
④ 직류 연계
⑤ 고장 전류 제한기 사용
⑥ 캐스케이드 보호방식
⑦ 계통 연계기 사용
⑧ 격상전압 도입에 의한 계통분할

■ **전력계통이 단락 용량의 경감 대책**

[암기법] 고모는 한류 직격
- **고**임피던스 기기의 채용
- **모**선계통을 분리 운용
- **한류** 리액터를 설치
- **직**류 연계
- **격**상전압 도입에 의한 계통분할

문 16

출제년도 95.02.(6점/장점3점, 단점3점)

릴레이 시퀀스와 무접점 시퀀스에 사용되는 전자릴레이와 무접점 릴레이를 비교할 때 전자 릴레이의 장·단점을 5가지씩만 쓰시오.

- 장점
- 단점

[작성답안]

- 장점 : ① 과부하 내량이 크다.
  ② 온도 특성이 좋다.
  ③ 전기적 잡음 없기 때문에 입·출력을 분리할 수 있다.
  ④ 가격이 저렴하다.
  ⑤ 부하가 큰 전력을 인출할 수 있다.
- 단점 : ① 소비 전력이 크다.
  ② 소형화에 한계가 있다.
  ③ 응답 속도가 느리다.
  ④ 접점의 수명이 짧다.
  ⑤ 충격, 진동에 약하다.

■ 전자릴레이의 장·단점

[암기법] 장점 : 과부 온전 : 과부 온전한가
- 과부하 내량이 크다.
- 부하가 큰 전력을 인출할 수 있다.
- 온도 특성이 좋다.
- 전기적 잡음 없기 때문에 입·출력을 분리할 수 있다.
- 가격이 저렴하다.

[암기법] 단점 : 수소 응답 소진
- 접점의 수명이 짧다.
- 소비 전력이 크다.
- 응답 속도가 느리다.
- 소형화에 한계가 있다.
- 충격, 진동에 약하다.

문 17
출제년도 97.02(6점/부분점수 없음)

전기 설비의 보호장치 운전을 위해 축전지는 대단히 중요하다. 연축전지에 비해 알칼리 축전지의 장점 2가지와 단점 1가지를 쓰시오.

[작성답안]

① 장점
- 수명이 길다 (납 축전지의 3~4배)
- 진동과 충격에 강하다.

그 외
- 충방전 특성이 양호하다.
- 방전시 전압 변동이 작다.
- 사용 온도 범위가 넓다.

② 단점
- 납축전지보다 공칭 전압이 낮다.

그 외
- 가격이 비싸다.

■ 연축전지와 알칼리 축전지를 비교시 알칼리 축전지의 장점

[암기법] 수진 충 방사 : 수진이는 충청도 방언을 사용해
- **수**명이 길다 (납 축전지의 3~4배)
- **진**동과 충격에 강하다.
- **충**방전 특성이 양호하다.
- **방**전시 전압 변동이 작다.
- **사**용 온도 범위가 넓다.

문 18

출제년도 95.00.(6점/각 항목당 1점, 모두 맞으면 6점)

송전선로로서 지중 전선로를 채택하는 주요 이유를 4가지만 쓰시오.

[작성답안]
- 지역 환경과의 조화를 중요시하는 경우
- 뇌·풍수해 등에 의한 사고에 대하여 높은 안정성이 요구되는 경우
- 보안상의 제한 조건 등으로 가공전선로를 건설할 수 없는 경우
- 수용밀도가 현저하게 높은 지역에서 공급하는 경우

■ 지중 전선로를 채택하는 이유

[암기법] 도보 수사

- <u>도</u>시미관, 지역 환경과의 조화를 중요시하는 경우
- <u>보</u>안상의 제한 조건 등으로 가공전선로를 건설할 수 없는 경우
- <u>수</u>용밀도가 현저하게 높은 지역에서 공급하는 경우
- 뇌·풍수해 등에 의한 <u>사</u>고에 대하여 높은 안정성이 요구되는 경우

문 19

출제년도 09.(6점/장점3점, 단점3점)

비접지 3상 3선식 배전방식과 비교하여, 3상 4선식 다중접지 배전방식의 장점 및 단점을 각각 4가지씩 쓰시오.

[작성답안]

- 장점
    ① 1선 지락 사고 시 건전상의 대지 전압은 거의 상승하지 않는다.
    ② 1선 지락 사고 시 보호 계전기의 동작이 확실하다.
    ③ 변압기의 단절연이 가능하고, 변압기 및 부속설비의 중량과 가격을 저하 시킬 수 있다.
    ④ 개폐서지의 값을 저감 시킬 수 있으므로 피뢰기의 책무를 경감 시키고 그 효과를 증대 시킬 수 있다.
- 단점
    ① 계통사고의 70~80 [%]는 1선 지락 사고이므로 차단기가 대전류를 차단할 기회가 많아진다.
    ② 지락 사고 시 병행 통신선에 유도장해를 크게 미친다.
    ③ 지락전류가 매우 커서 기기에 대한 기계적 충격이 크므로 손상을 주기 쉽다.
    ④ 지락전류가 저역률의 대전류이기 때문에 과도 안정도가 나빠진다.

■ 다중접지 배전방식의 장점 및 단점

[암기법] 장점 : 대피단계

- 1선 지락 사고 시 건전상의 <u>대</u>지 전압은 거의 상승하지 않는다.
- <u>피</u>뢰기의 책무를 경감 시키고 그 효과를 증대시킬 수 있다.
- 변압기의 <u>단</u>절연이 가능하고, 변압기 및 부속설비의 중량과 가격을 저하 시킬 수 있다.
- 1선 지락 사고 시 보호 <u>계</u>전기의 동작이 확실하다.

[암기법] 단점 : 기차통과

- 지락전류가 매우 커서 <u>기</u>기에 대한 기계적 충격이 크므로 손상을 주기 쉽다.
- 계통사고의 70~80 [%]는 1선 지락 사고이므로 <u>차</u>단기가 대전류를 차단할 기회가 많아진다.
- 지락 사고 시 병행 <u>통</u>신선에 유도장해를 크게 미친다.
- 지락전류가 저역률의 대전류이기 때문에 <u>과</u>도 안정도가 나빠진다.

문 20

출제년도 17.(5점/각 항목당 1점, 모두 맞으면 5점)

역률 과보상시 나타나는 현상 3가지를 쓰시오.

[작성답안]
- 전력손실의 증가
- 단자전압 상승
- 계전기 오동작

■ **역률 과보상시 나타나는 현상**

[암기법] 고모앞 설계

- **고**조파 왜곡의 증대
- **모**선전압(단자전압) 상승
- **앞**선 전류에 의한 전력손실의 증가
- **설**비용량의 여유 감소
- **계**전기 오동작

문 21
출제년도 99.04.12.(3점/부분점수 없음)

역률을 개선하면 전기 요금의 저감과 배전선의 손실 경감, 전압 강하 감소, 설비 여력의 증가 등을 기할 수 있으나, 너무 과보상하면 역효과가 나타난다. 즉, 경부하시에 콘덴서가 과대 삽입되는 경우의 결점을 4가지 쓰시오.

[작성답안]
- 앞선 역률에 의한 전력 손실이 생긴다.
- 모선 전압이 과상승 한다.
- 전원설비 용량이 감소하여 과부하가 될 수 있다.
- 고조파 왜곡이 증대된다.

■ 경부하시 콘덴서가 과대 삽입되는 경우의 결점

[암기법] 고모 앞 설비
- <u>고</u>조파 왜곡이 증대된다.
- <u>모</u>선 전압이 과상승 한다.
- <u>앞</u>선 역률에 의한 전력 손실이 생긴다.
- 전원<u>설비</u> 용량이 감소하여 과부하가 될 수 있다.

문 22

출제년도 93.(6점/각 문항당 2점)

변압기의 효율이 떨어지는 경우를 3가지 예로 들어 설명하시오.

[작성답안]
- 역률 저하
- 경부하 운전
- 심한 부하 변동의 경우

■ **변압기의 효율이 떨어지는 경우**

[암기법] **경부역 : 경부선 역**

- **경**부하 운전
- 심한 **부**하 변동의 경우
- **역**률 저하

문 23

출제년도 01.03.14.(5점/부분점수 없음)

송전선로의 거리가 길어지면서 송전선로의 전압이 대단히 커지고 있다. 이에 따라 단도체 대신 복도체 또는 다도체 방식이 채용되고 있는 데 복도체(또는 다도체) 방식을 단도체 방식과 비교할 때 그 장점과 단점을 쓰시오.

(1) 장점(4가지)

(2) 단점(2가지)

[작성답안]

- 장점
   ① 송전용량 증대
   ② 코로나 임계전압 상승
   ③ 안정도 증대
   ④ 선로의 인덕턴스 감소
- 단점
   ① 정전용량이 커지기 때문에 페란티 효과가 발생
   ② 단락시 대전류에 의해 소도체 사이에 흡인력이 발생하여 소도체가 상호접근 및 접촉이 될 수 있다.

■ 복도체방식

[암기법] 장점 : 코로나 안송인

- <u>코로나</u> 임계전압 상승
- <u>안</u>정도 증대
- <u>송</u>전용량 증대
- 선로의 <u>인</u>덕턴스 감소

[암기법] 단점 : 흡페 – 흡연은 폐에 나쁘다

- 단락시 대전류에 의해 소도체 사이에 <u>흡</u>인력이 발생하여 소도체가 상호접근 및 접촉이 될 수 있다.
- 정전용량이 커지기 때문에 <u>페</u>란티 효과가 발생

문 24　　　　　　　　　　　　　　　　　　　출제년도 97.00.22.(6점/각 항목당 2점)

전선 및 기계기구를 보호하기 위하여 중요한 곳에는 과전류 차단기를 시설하여야 하는데 과전류 차단기의 시설을 제한하고 있는 곳이 있다. 이 과전류 차단기의 시설 제한 개소를 3가지 쓰시오.

[작성답안]
① 접지 공사의 접지선
② 다선식전로의 중성선
③ 저압 가공 전선로의 접지측 전선

■ 과전류 차단기 시설 제한

[암기법] 저압 접지다
- **저**압 가공 전선로의 접지측 전선
- **접지** 공사의 접지선
- **다**선식전로의 중성선

문 25 출제년도 97.99.12.17.(6점/각 문항당 2점)

중성점 직접 접지 계통에 인접한 통신선의 전자 유도장해 경감에 관한 대책을 경제성이 높은 것부터 설명하시오.

　(1) 근본 대책
　(2) 전력선측 대책(3가지)
　(3) 통신선측 대책(3가지)

[작성답안]

(1) 근본 대책 : 전자 유도전압의 억제
(2) 전력선측 대책
　① 송전선로를 될 수 있는 대로 통신 선로로부터 멀리 이격하여 건설한다.
　② 중성점을 접지할 경우 저항값을 가능한 큰 값으로 한다.
　③ 고속도 지락 보호 계전 방식을 채용한다.
　그 외
　④ 차폐선을 설치한다.
　⑤ 지중전선로 방식을 채용한다.
(3) 통신선측 대책
　① 절연 변압기를 설치하여 구간을 분리한다.
　② 연피케이블을 사용한다.
　③ 통신선에 성능이 우수한 피뢰기를 사용한다.
　그 외
　④ 배류 코일을 설치한다.
　⑤ 전력선과 교차시 수직교차 한다.

■ 통신선의 전자 유도 장해 경감에 관한 대책

[암기법] 전력선측 대책 (5가지) : 중고차 전송
- **중**성점을 접지할 경우 저항값을 가능한 큰 값으로 한다.
- **고**속도 지락 보호 계전 방식을 채용한다.
- **차**폐선을 설치한다.
- 지중**전**선로 방식을 채용한다.
- **송**전선로를 될 수 있는 대로 통신 선로로부터 멀리 이격하여 건설한다.

[암기법] 통신선측 대책 : 통통배 전절연
- **통**신선 대책
- **통**신선에 성능이 우수한 피뢰기를 사용한다.
- **배**류 코일을 설치한다.

- **전**력선과 교차시 수직교차 한다.
- **절**연 변압기를 설치하여 구간을 분리한다.
- **연**피케이블을 사용한다.

문 26

출제년도 10.(5점/각 항목당 1점, 모두 맞으면 5점)

수변전 설비에서 에너지 절감 방안 4가지를 쓰시오.

[작성답안]

① 수·변전설비의 적정위치 선정 : 전압강하, 전력손실, 건설비, 보수성에 영향을 미치는 전원의 위치를 적정장소에 선정
② 변압기 종류와 용도 : 유입형, H종 건식, 가스절연, 몰드변압기 중에서 에너지절약 측면의 용도에 적합한 변압기를 선정한다.
③ 변압기 손실과 효율 : 변압기는 연중 운전되므로 무부하손, 부하손을 검토하여 고효율 변압기를 채택한다.
④ 변압기 적정용량 산정 : 적정용량 산정으로 손실을 저감한다.

그 외

⑤ 변압기 운전방식 : 전력부하곡선에 따른 운전 대수제어, 소용량 변압기로 교체 등을 고려한다.
⑥ 수전전압 강압방식 : 2단 강압방식 보다는 직강식을 채택한다.

■ 수변전 설비에서 에너지 절감 방안 4가지

[암기법] 최고변전

- **최**대수요전력제어 시스템을 채택
- **고**효율 변압기 채택
- **변**압기의 운전대수제어가 가능하도록 뱅크를 구성하여 효율적인 운전관리를 통한 손실을 최소화
- **전**력용 콘덴서를 설치하여 역률 개선

[암기법] 전뱅최고 : 전기 뱅크 최고

- **전**력용 콘덴서를 설치하여 역률 개선
- 변압기의 운전대수제어가 가능하도록 **뱅**크를 구성하여 효율적인 운전관리를 통한 손실을 최소화
- **최**대수요전력제어 시스템을 채택
- **고**효율 변압기 채택

문 27 출제년도 10.17.(5점/각 항목당 1점)

에너지 절약을 위한 동력설비의 대응방안 중 5가지만 쓰시오.

[작성답안]
① 고효율 전동기 채용
② 역률개선용 콘덴서를 전동기별로 설치
③ VVVF 시스템 채용
④ heat pump, 폐열회수 냉동기 채용, 흡수식 냉동기 채용
⑤ 엘리베이터의 군 관리 운전방식, 운전대수 제어
그 외
⑥ 부하에 맞는 적정용량의 전동기 선정

■ 에너지 절약을 위한 동력설비의 대응방안 중 5가지

[암기법] 부부고전 폐인

- 부하에 맞는 적정용량의 전동기 선정
- 부하의 역률개선용 콘덴서를 전동기별로 설치
- 고효율 전동기 채용
- 전동기 운전대수 제어, 승강기(엘리베이터)의 군 관리 운전방식 채용

- heat pump, 폐열회수 냉동기 채용, 흡수식 냉동기 채용
- 인버터(VVVF) 시스템 채용

문 28   출제년도 20.(5점/각 항목당 1점, 모두 맞으면 5점)

단상 유도 전동기의 기동방법을 3가지 쓰시오.

[작성답안]
- 반발 기동형
- 콘덴서 기동형
- 분상 기동형

그 외
- 세이딩 코일형

■ 단상유도전동기

[암기법] 세분 반 콘덴서
- **세**이딩 코일형
- **분**상 기동형
- **반**발 기동형
- **콘덴서** 기동형

문 29

출제년도 04.11.14.16.(6점/각 문항당 3점)

TV나 형광등과 같은 전기제품에서의 깜빡거림 현상을 플리커 현상이라 하는데 이 플리커 현상을 경감시키기 위한 전원측과 수용가측에서의 대책을 각각 3가지씩 쓰시오.

(1) 전원측 대책 3가지

(2) 수용가측 대책 3가지

[작성답안]

(1) 전원측
① 전용 계통으로 공급한다.
② 단락용량이 큰 계통에서 공급한다.
③ 전용 변압기로 공급한다.
그 외
④ 공급 전압을 승압한다.

(2) 수용가측
① 전원 계통에 리액터분을 보상하는 방법
② 전압 강하를 보상하는 방법
③ 부하의 무효 전력 변동분을 흡수하는 방법
그 외
④ 플리커 부하 전류의 변동분을 억제하는 방법

■ 플리커 현상 경감을 시키기위한 전원측 및 수용가측대책

[암기법] 전원측 : 전공단락
- 전용 계통으로 공급한다.
- 전용 변압기로 공급한다.
- 공급 전압을 승압한다.
- 단락용량이 큰 계통에서 공급한다.

[암기법] 수용가측 : 전부전부
- 전원 계통에 리액터분을 보상하는 방법
- 부하의 무효 전력 변동분을 흡수하는 방법
- 전압 강하를 보상하는 방법
- 플리커 부하 전류의 변동분을 억제하는 방법

문 30
출제년도 98.08.(8점/각 항목당 1점)

접지방식은 각기 다른 목적이나 종류의 접지를 상호 연접시키는 공용접지와 개별적으로 접지하되 상호 일정한 거리 이상 이격하는 독립접지(단독접지)로 구분할 수 있다. 독립접지와 비교하여 공용접지의 장점과 단점을 각각 3가지만 쓰시오.

[작성답안]

(1) 공용접지의 장점
    ① 접지 저항 값이 감소한다.   ② 접지의 신뢰도가 향상된다.
    ③ 접지극의 수량 감소
    그 외
    ④ 접지선이 적어 접지계통이 단순해지기 때문에 보수 점검이 쉽다.
    ⑤ 철근, 구조물 등을 연접하면 거대한 접지전극의 효과를 얻을 수 있다.

(2) 공용접지의 단점
    ① 계통의 이상전압 발생 시 유기전압 상승
    ② 다른 기기 계통으로부터 사고 파급
    ③ 피뢰침용과 공용하므로 뇌서지에 대한 영향을 받을 수 있다.

■ 공용접지의 장점과 단점

[암기법] 장점 : 저항수량 단순신뢰
- 접지 저항 값이 감소한다.
- 접지극의 수량 감소
- 접지선이 적어 접지계통이 단순해지기 때문에 보수 점검이 쉽다.
- 접지의 신뢰도가 향상된다.
- 철근, 구조물 등을 연접하면 거대한 접지전극의 효과를 얻을 수 있다.

[암기법] 단점 : 유사 뇌서지
- 계통의 이상전압 발생 시 유기전압 상승
- 다른 기기 계통으로부터 사고 파급
- 피뢰침용과 공용하므로 뇌서지에 대한 영향을 받을 수 있다.

문 31

출제년도 03.05.09.(8점/각 문항당 4점)

도로의 조명설계에 관한 다음 각 물음에 답하시오.

(1) 도로 조명설계에 있어서 성능상 고려하여야 할 중요 사항을 5가지만 쓰시오.

(2) 도로의 너비가 40[m]인 곳의 양쪽으로 35[m] 간격으로 지그재그식으로 등주를 배치하여 도로 위의 평균 조도를 6[lx]가 되도록 하고자 한다. 도로면의 광속 이용률은 30[%], 유지율은 75[%]로 한다고 할 때 각 등주에 사용되는 수은등의 규격은 몇 [W]의 것을 사용하여야 하는지, 전광속을 계산하고, 주어진 수은등 규격표에서 찾아 쓰시오.

수은등의 규격표

크기[W]	램프전류[A]	전광속[lm]
100	1.0	3,200 ~ 4,000
200	1.9	7,700 ~ 8,500
250	2.1	10,000 ~ 11,000
300	2.5	13,000 ~ 14,000
400	3.7	18,000 ~ 20,000

[작성답안]

(1) ① 조도(수평면) : 도로 양측의 보도, 건축물의 전면등이 높은 조도로 충분히 밝게 조명할 수 있을 것

② 노면휘도의 균일도 : 휘도 차이에 따른 균제도(최소, 최대) 확보

③ 글레어 : 조명기구 등의 Glare가 적을 것

④ 유도성

⑤ 조명방법

그외

⑥ 노면 전체에 가능한한 높은 평균휘도로 조명할 수 있을 것

⑦ 조명의 광색, 연색성이 적절할 것

(2) 계산 : $F = \dfrac{EBS}{2MU} = \dfrac{6 \times 40 \times 35}{2 \times 0.75 \times 0.3} = 18666.67\,[\text{lm}]$

표에서 400 [W] 선정

답 : 400 [W]

■ 도로 조명 설계에 있어 성능상 고려사항

[암기법] 눈휘밝고 유연할것

- 눈부심(글레어) : 조명기구 등의 Glare가 적을 것
- 노면휘도의 균일도 : 휘도 차이에 따른 균제도(최소, 최대) 확보
- 조도(수평면) : 도로 양측의 보도, 건축물의 전면등이 높은 조도로 충분히 밝게 조명할 수 있을 것
- 유도성
- 조명의 광색, 연색성이 적절할 것

문 32

출제년도 10.19.(5점/각 항목당 1점)

가스절연 변전소의 특징을 5가지만 설명하시오. 단, 경제적이거나 비용에 관한 답은 제외한다.

[작성답안]
① 소형화 할 수 있다. (옥외 철구형 변전소의 1/10~1/15)
② 충전부가 완전히 밀폐되어 안정성이 높다.
③ 소음이 적고 환경 조화를 기할 수 있다.
④ 대기 중의 오염물의 영향을 받지 않으므로 신뢰도가 높다.
⑤ 조작 중 소음이 적고 라디오 방해전파를 줄여 공해문제를 해결해 준다.

그 외
⑥ 공장조립이 가능하여 설치공사기간이 단축된다.
⑦ 절연물, 접촉자 등이 SF_6 Gas내에 설치되어 보수점검 주기가 길어진다.

■ **가스절연 개폐설비(GIS) 장점**

[암기법] 소충 소대 공조 : 소총소대와 공조해야...
- <u>소</u>형화 할 수 있다. (옥외 철구형 변전소의 1/10~1/15)
- <u>충</u>전부가 완전히 밀폐되어 안정성이 높다.
- <u>소</u>음이 적고 환경 조화를 기할 수 있다.
- <u>대</u>기 중의 오염물의 영향을 받지 않으므로 신뢰도가 높다.
- <u>공</u>장조립이 가능하여 설치공사기간이 단축된다.
- <u>조</u>작 중 소음이 적고 라디오 방해전파를 줄여 공해문제를 해결해 준다.

문 33

출제년도 98.(6점/각 항목당 1점, 모두 맞으면 6점)

변압기에 사용되는 절연유의 필요한 성질을 4가지만 쓰시오.

[작성답안]
- 인화점이 높고 응고점이 낮을 것
- 점도가 낮고 비열이 커서 냉각효과가 클 것
- 고온에서 불용성 침전물이 생기지 말 것
- 절연물과 화학 작용이 없을 것

■ 변압기에 사용되는 절연유의 구비조건 4가지

[암기법] 고점 인화 : 높은 온도에서 인화
- <u>고</u>온에서 불용성 침전물이 생기지 말 것
- <u>점</u>도가 낮고 비열이 커서 냉각효과가 클 것
- <u>인</u>화점이 높고 응고점이 낮을 것
- 절연물과 <u>화</u>학 작용이 없을 것

문 34

출제년도 99.03.05.(4점/각 항목당 1점)

H종 건식 변압기를 사용하려고 한다. 같은 용량의 유입 변압기를 사용할 때와 비교하여 그 이점을 4가지만 쓰시오.(단, 변압기의 가격, 설치시의 비용 등 금전에 관한 사항은 제외한다.)

[작성답안]
- 기름을 사용하지 않으므로 화재의 위험성이 없다.
- 내습성 내약품성이 우수하다.
- 소형 경량이다.
- 큐비클 내부에 설치하기 편리하다.

그 외
- 기름이 없으므로 보수 유지에 유리하다.

■ 건식변압기를 유입변압기와 비교시 장점 4가지

[암기법] 소화기 내
- <u>소</u>형 경량이다.
- 기름을 사용하지 않으므로 <u>화</u>재의 위험성이 없다.
- <u>기</u>름이 없으므로 보수 유지에 유리하나.

- <u>내</u>습성 내약품성이 우수하다.
- 큐비클 내부에 설치하기 편리하다.

문 35

출제년도 05.(6점/각 문항당 3점)

다음 각 물음에 답하시오.

(1) 농형 유도 전동기의 4가지 기동법을 쓰시오.

(2) 유도 전동기의 1차 권선의 결선을 △에서 Y로 바꾸면 기동시 1차 전류는 △결선시의 몇 배가 되는가?

[작성답안]

(1) • 전전압 기동법
 • Y-△기동법
 • 리액터 기동법
 • 기동 보상기법

(2) $\dfrac{1}{3}$ 배

■ 농형 유도 기동기의 기동법

[암기법] Y리 전기 : 전원일기 Y(양촌)리 전기

- Y-△ 기동법
- 리액터 기동법
- 전전압 기동법
- 기동 보상기법

문 36

출제년도 05.(6점/각 항목당 1점, 모두 맞으면 6점)

배전반 주회로 부분과 감시제어회로중 감시제어기기의 구성요소를 4가지 쓰고 간단히 설명하시오.

[작성답안]

① 감시기능 : 기기의 운전, 정지, 개폐의 상태를 표시하고 이상 발생시 고장 부분의 표시 및 경보하는 기능
② 제어기능 : 기기를 수동, 자동의 상태로 변환 시키면서 운전시킬 수 있으며 정전, 화재, 천재지변 등의 이상 발생시 제어 할 수 있는 기능
③ 계측제어 : 전류, 전압, 전력 등을 계측하여 부하 또는 기기의 상태를 파악하는 기능
④ 기록기능 : 계측값을 일일이 기록용지에 자동 인쇄하여 등록된 데이터를 집계하는 기능

■ 감시제어기기의 구성요소 4가지

[암기법] 감시제어 기계

- 감시기능 : 기기의 운전, 정지, 개폐의 상태를 표시하고 이상 발생시 고장 부분의 표시 및 경보하는 기능
- 제어기능 : 기기를 수동, 자동의 상태로 변환 시키면서 운전시킬 수 있으며 정전, 화재, 천재지변 등의 이상 발생시 제어 할 수 있는 기능
- 기록기능 : 계측값을 일일이 기록용지에 자동 인쇄하여 등록된 데이터를 집계하는 기능
- 계측제어 : 전류, 전압, 전력 등을 계측하여 부하 또는 기기의 상태를 파악하는 기능

문 37

출제년도 94.04.15.16.(10점/(1)(2)(3)2점, (4) 4점)

피뢰기에 대한 다음 각 물음에 답하시오.

(1) 현재 사용되고 있는 교류용 피뢰기의 주요 구조는 무엇과 무엇으로 구성되어 있는가?

(2) 피뢰기의 정격전압이라고 하는 것은 어떤 전압을 말하는가?

(3) 피뢰기의 제한전압은 어떤 전압을 말하는가?

(4) 피뢰기의 기능상 필요한 구비조건을 4가지만 쓰시오.

[작성답안]

(1) 직렬갭과 특성요소

(2) 속류를 차단할 수 있는 교류 최고전압

(3) 충격전류가 방전으로 저하되어서 피뢰기의 단자간에 남게되는 충격전압

(4) ① 상용 주파 방전 개시 전압이 높을 것
    ② 충격 방전 개시 전압이 낮을 것
    ③ 방전내량이 크면서 제한 전압이 낮을 것
    ④ 속류 차단 능력이 클 것

■ 피뢰기 구비조건

[암기법] 제방이 낮아서(↓) / 속상 하다(↑)

- 방전내량이 크면서 **제**한 전압이 낮을 것
- 충격 **방**전 개시 전압이 낮을 것
- **상**용 주파 방전 개시 전압이 높을 것
- **속**류 차단 능력이 클 것

문 38

출제년도 99.(6점/각 항목당 2점)

갭레스(Gapless)형 피뢰기의 주요 특징을 3가지만 쓰시오.

[작성답안]
- 미소전류로부터 대전류까지 안정된 비직선 저항특성을 가지고 있어 제한전압이 일정하여 안정된 특성을 지닌다.
- 직렬갭이 없으므로 속류가 거의 흐르지 않고, 소손될 염려가 없고, 활선청소도 가능하다.
- 속류가 거의 흐르지 않으므로 동작책무에 유리하고, 다중뢰 동작에도 견딘다.

그 외
- 구조가 간단하여 소형 경량화가 가능하다.

■ 갭레스피뢰기 특징

[암기법] 제한 직선 구조
- 미소전류로부터 대전류까지 안정된 비직선 저항특성을 가지고 있어 <u>제한</u>전압이 일정하여 안정된 특성을 지닌다.
- <u>직</u>렬갭이 없으므로 속류가 거의 흐르지 않고, 소손될 염려가 없고, 활선청소도 가능하다.
- <u>속</u>류가 거의 흐르지 않으므로 동작책무에 유리하고, 다중뢰 동작에도 견딘다.
- <u>구조</u>가 간단하여 소형 경량화가 가능히다.

문 39

출제년도 96.22.(4점/각 항목당 1점)

다음 피뢰기의 구조에 따른 종류4가지를 쓰시오.

[작성답안]
갭 저항형 (GAP RESISTANCE TYPE)
갭 레스형(GAP LESS TYPE) : 특성요소(ZnO : 산화아연)로만 구성.
밸브 저항형 (VALVE RESISTANCE TYPE) : 직렬 갭 + 특성요소(SiC)
밸브형 (VALVE TYPE)

■ 피뢰기 종류

[암기법] 갭2 밸2
- 갭 저항형 (GAP RESISTANCE TYPE)
- 갭 레스형(GAP LESS TYPE) : 특성요소(ZnO : 산화아연)로만 구성.
- 밸브 저항형 (VALVE RESISTANCE TYPE) : 직렬 갭 + 특성요소(SiC)
- 밸브형 (VALVE TYPE)

문 40

출제년도 96.04.10.(4점/각 항목당 1점)

전력용콘덴서의 개폐제어는 크게 나누어 수동조작과 자동조작이 있다. 자동조작방식을 제어요소에 따라 분류할 때 그 제어요소는 어떤 것이 있는지 아는 대로 쓰시오.

[작성답안]
- 수전점 무효전력
- 수전점 전압
- 수전점 역률
- 부하전류
- 개폐시간

■ 전력용 콘덴서의 개폐 제어중 자동 조작 방식의 제어요소 5가지

[암기법] 무역시 압류
- **무**효전력에 의한 제어
- **역**률에 의한 제어
- **시**간에 의한 제어

- 전**압**에 의한 제어
- 전**류**에 의한 제어

문 41

출제년도 97.04.07.14.(9점/부분점수 없음)

단상 변압기 3대의 △-△ 결선 방식을 그리고 장점 3가지와 단점 3가지를 쓰시오.

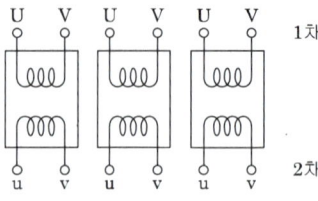

[작성답안]

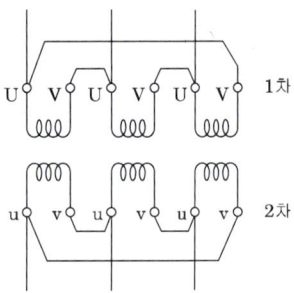

장점

- 제3고조파 전류가 △결선 내를 순환하므로 정현파 교류 전압을 유기하여 기전력의 파형이 왜곡되지 않는다.
- 1상분이 고장이 나면 나머지 2대로써 V결선 운전이 가능하다.
- 각 변압기의 상전류가 선전류의 $1/\sqrt{3}$ 이 되어 대전류에 적당하다.

단점

- 중성점을 접지할 수 없으므로 지락 사고의 검출이 곤란하다.
- 권수비가 다른 변압기를 결선 하면 순환 전류가 흐른다.
- 각 상의 임피던스가 다를 경우 3상 부하가 평형이 되어도 변압기의 부하 전류는 불평형이 된다.

■ △-△ 결선의 장점과 단점 3가지

[암기법] 장점 : 제1각

- <u>제</u>3고조파 전류가 △결선 내를 순환하므로 정현파 교류 전압을 유기하여 기전력의 파형이 왜곡되지 않는다.
- <u>1</u>상분이 고장이 나면 나머지 2대로써 V결선 운전이 가능하다.
- <u>각</u> 변압기의 상전류가 선전류의 $1/\sqrt{3}$ 이 되어 대전류에 적당하다.

[암기법] 단점 : 중권각

- <u>중</u>성점을 접지할 수 없으므로 지락 사고의 검출이 곤란하다.
- <u>권</u>수비가 다른 변압기를 결선 하면 순환 전류가 흐른다.
- <u>각</u> 상의 임피던스가 다를 경우 3상 부하가 평형이 되어도 변압기의 부하 전류는 불평형이 된다.

문 42 출제년도 99.03.04.11.12.14.17.18.(5점/각 문항당 2점, 모두 맞으면 5점)

분전반에서 30[m]의 거리에 2.5[kW]의 교류 단상 220[V]전열용 아웃트렛을 설치하여 전압 강하를 2[%]이내가 되도록 하고자 한다. 이곳의 배선 방법을 금속관공사로 한다고 할 때, 다음 각 물음에 답하시오.

(1) 전선의 굵기를 선정하고자 할 때 고려하여야 할 사항을 3가지만 쓰시오.

(2) 전선은 450/750[V] 일반용 단심 비닐절연전선을 사용한다고 할 때 본문 내용에 따른 전선의 굵기를 계산하고, 규격품의 굵기로 답하시오.

[작성답안]

(1) • 허용전류
  • 전압강하
  • 기계적 강도

(2) 계산 : $I = \dfrac{P}{E} = \dfrac{2500}{220} = 11.36[A]$

$A = \dfrac{35.6LI}{1000e} = \dfrac{35.6 \times 30 \times 11.36}{1000 \times (220 \times 0.02)} = 2.76[\text{mm}^2]$

∴ 4[mm²] 선정

답 : 4[mm²]

■ 전선의 굵기 선정시 고려해야할 사항 3가지

[암기법] 허전기

– <u>허</u>용전류
– <u>전</u>압강하
– <u>기</u>계적 강도

문 43

출제년도 93.02.(4점/부분점수 없음)

자가용 전기 설비의 중요 검사 항목을 4가지만 쓰시오.

[작성답안]
① 접지 저항 측정
② 절연 저항 측정
③ 절연 내력 시험
④ 계전기 동작 시험

■ 자가용 전기 설비의 중요 검사 항목 4가지

[암기법] 측정2, 시험2
- 접지 저항 측정
- 절연 저항 측정
- 절연 내력 시험
- 계전기 동작 시험

문 44

출제년도 97.08.(5점/각 항목당 1점, 모두 맞으면 5점)

최근 차단기의 절연 및 소호용으로 많이 이용되고 있는 SF$_6$ Gas의 특성 4가지만 쓰시오.

[작성답안]
- 절연 성능과 안전성이 우수하다.
- 소호 능력이 뛰어나다(공기의 약 100배).
- 절연 내력이 높다(공기의 2~3배)
- 무독, 무취, 불연 기체로서 유독 가스를 발생하지 않는다.

■ SF6 Gas의 특성 4가지

[암기법] 소절무안
- **소**호 능력이 뛰어나다(공기의 약 100배).
- **절**연 내력이 높다(공기의 2~3배)
- **무**독, 무취, 불연 기체로서 유독 가스를 발생하지 않는다.
- 절연 성능과 **안**전성이 우수하다.

(SF.영화에서 소가 무 보고 안.절.부.절.)
- **소**호 능력이 뛰어나다(공기의 약 100배).
- **무**독, 무취, 불연 기체로서 유독 가스를 발생하지 않는다.

- 절연 성능과 **안**전성이 우수하다.
- **절**연 내력이 높다(공기의 2~3배)
- **불(부)**화성, 화재 위험낮다
- **절**연회복 빠르다

문 45

출제년도 90.97.03.08.14.16.20.(5점/각 문항당 2점, 모두 맞으면 5점)

배전용 변전소에 접지공사를 하고자 한다. 접지목적을 3가지로 요약하여 설명하고 중요한 접지개소를 4가지만 쓰시오.

(1) 접지 목적(3가지)

(2) 접지 개소(4가지)

[작성답안]

(1) 접지 목적
- 낙뢰, 개폐서지 등에 의한 이상전압을 억제한다.
- 전력계통에서 발생하는 대지전위의 상승을 억제한다.
- 지락사고시 발생하는 지락전류를 검출하여 보호 계전기의 동작을 확실하게 한다.

그 외
- 고저압 혼촉에 의한 저압측 전위상승을 억제하여 저압측에 연결된 기계기구의 절연을 보호한다.

(2) 접지 개소
- 고압 및 특고압 기계기구 외함 및 철대접지
- 피뢰기 접지
- 변압기의 안정권선(安定卷線)이나 유휴권선(遊休卷線) 또는 전압조정기의 내장권선(內藏卷線)
- 변압기로 특고압전선로에 결합되는 고압전로의 방전장치

그 외
- 고압 옥외전선을 사용하는 관 기타의 케이블을 넣는 방호장치의 금속제 부분

■ 접지의 목적

[암기법] 이상 보호 기대

- 낙뢰, 개폐서지 등에 의한 이상전압을 억제한다.
- 지락사고시 발생하는 지락전류를 검출하여 보호 계전기의 동작을 확실하게 한다.
- 고저압 혼촉에 의한 저압측 전위상승을 억제하여 저압측에 연결된 기계기구의 절연을 보호한다.
- 전력계통에서 발생하는 대지전위의 상승을 억제한다.

문 46
출제년도 14.15.16.(5점/각 문항당 1점, 모두 맞으면 5점)

송전계통의 중성점을 접지하는 목적을 3가지만 쓰시오.

[작성답안]
- 건전상 대지전위상승을 억제하여 전선로 및 기기의 절연레벨을 경감한다.
- 지락전류를 검출하여 보호계전기의 동작을 확실하게 한다.
- 뇌, 아크 지락 등에 의한 이상전압의 경감 및 발생을 방지한다.

그 외
- 1선지락시 지락전류의 크기를 제한하여 안정도를 향상시킨다.

■ 송배전 선로의 중성점 접지 목적을 4가지

[암기법] 송전선 접지목적은 1건 이상 지락
- <u>1</u>선지락시 지락전류의 크기를 제한하여 안정도를 향상시킨다.
- <u>건</u>전상 대지전위상승을 억제하여 전선로 및 기기의 절연레벨을 경감한다.
- 뇌, 아크 지락 등에 의한 <u>이상</u>전압의 경감 및 발생을 방지한다.
- <u>지락</u>전류를 검출하여 보호계전기의 동작을 확실하게 한다.

문 47
출제년도 08.10.15.(5점/각 항목당 1점)

변압기의 고장(소손(燒損)) 원인에 대하여 5가지만 쓰시오.

[작성답안]
- 권선의 상간단락
- 권선의 층간단락
- 고·저압 혼촉
- 지락 및 단락사고에 의한 과전류
- 절연물 및 절연유의 열화에 의한 절연내력 저하

■ 변압기의 고장(소손)원인 5가지

[암기법] 변압기 소손은 상층 혼절 지역에서
- 권선의 **상**간단락
- 권선의 **층**간단락

- 고·저압 **혼**촉
- **절**연물 및 절연유의 열화에 의한 절연내력 저하
- **지**락 및 단락사고에 의한 과전류

문 48

출제년도 08.(8점/각 항목당 2점)

변전설비의 과전류 계전기가 동작하는 단락사고의 원인 4가지만 쓰시오.

[작성답안]
① 모선에서의 선간 및 3상단락
② 전기기기 내부에서 절연불량에 의한 단락
③ 접촉에 의한 단락
④ 케이블의 절연파괴에 의한 단락

■ 변전설비의 과전류 계전기가 동작하는 단락사고의 원인 4가지

[암기법] 단락원인은 절전선 접촉
- 케이블의 절연파괴에 의한 단락
- 전기기기 내부에서 절연불량에 의한 단락
- 모선에서의 선간 및 3상단락

- 접촉에 의한 단락

문 49

출제년도 93.96.13.(5점/부분점수 없음)

수변전 설비에 설치하고자 하는 파워 퓨즈(전력용 퓨즈)는 사용 장소, 정격 전압, 정격 전류 등을 고려하여 구입하여야 하는데, 이외에 고려하여야 할 주요 특성을 3가지만 쓰시오.

[작성답안]
① 용단 특성
② 전차단 특성
③ 단시간 허용 특성

■ 수변전 설비에 설치하고자 하는 파워 퓨즈(전력용 퓨즈)는 사용 장소, 정격 전압, 정격 전류 등을 고려하여 구입하여야 하는데, 이외에 고려하여야 할 주요 특성을 3가지

[암기법] 퓨즈특성은 단전용

– **단**시간 허용 특성
– **전**차단 특성
– **용**단 특성

문 50
출제년도 12.17.(4점/각 항목당 1점)

차단기에 비하여 전력용 퓨즈의 장점 4가지를 쓰시오.

[작성답안]
① 가격이 싸다.
② 소형 경량이다.
③ 릴레이나 변성기가 필요 없다.
④ 고속도 차단한다.

■ 전력 퓨즈의 장·단점

[암기법] 장점 : 고릴라가 소형
- <u>고</u>속도 차단한다.
- <u>릴</u>레이나 변성기가 필요 없다.

- <u>가</u>격이 싸다.
- <u>소형</u> 경량이다.

[암기법] 단점 : 차동 결재비
- <u>차</u>단시 이상전압이 발생한다.
- <u>동</u>작시간, 전류특성을 자유로이 조정할 수 없다.

- 과도전류에 용단되기 쉽고 <u>결</u>상을 일으킬 우려가 있다.
- <u>재</u>투입이 불가능하다.
- <u>비</u>보호영역이 있다.

문 51

출제년도 94.(12점/각 항목당 2점)

최근에 생산되는 변압기는 그 효율이 향상되고 소형 경량화되고 있다. 주된 이유를 6가지만 예를 들어 설명하시오.

[작성답안]
- 고효율 변압기 개발(몰드 변압기, 아몰포스 변압기)
- 철심의 권철심화 및 자속 향상
- 절연물의 절연 성능 향상에 따라 두께가 감소
- 고전압화 되어 권선량 감소
- 고배향성 규소 강판 사용으로 인한 철손의 감소
- 냉각방식 변경에 따른 소형화

■ 최근에 생산되는 변압기는 그 효율이 향상되고 소형 경량화되고 있다. 주된 이유

[암기법] 절연철심 냉각은 3고

- **절연**물의 절연 성능 향상에 따라 두께가 감소
- **철심**의 권철심화 및 자속 향상
- **냉각**방식 변경에 따른 소형화

- **고**효율 변압기 개발(몰드 변압기, 아몰포스 변압기)
- **고**전압화 되어 권선량 감소
- **고**배향성 규소 강판 사용으로 인한 철손의 감소

문 52 출제년도 08.(5점/각 항목당 1점, 모두 맞으면 5점)

> 발전기실의 위치 선정할 때 고려하여야 할 사항을 4가지만 쓰시오.

[작성답안]
① 엔진기초는 건물기초와 무관한 장소로 한다.
② 실내환기를 충분히 할 수 있는 장소이어야 하며, 온도상승을 억제해야 한다.
③ 발전기실의 구조는 중량물의 운반, 설치 및 보수유지가 용이한 장소이어야 한다.
④ 급배기가 용이하고 엔진 및 배기관의 소음 및 진동이 주위 환경에 영향을 주지 않아야 한다.
그 외,
⑤ 급유 및 냉각수 공급이 가능한 장소이어야 한다.
⑥ 전기실과 가까운 장소이어야 한다.

■발전기실 위치선정시 고려사항

[암기법] 급전실 기초 발급
- <u>급</u>유 및 냉각수 공급이 가능한 장소이어야 한다.
- <u>전</u>기실과 가까운 장소이어야 한다.
- <u>실</u>내환기를 충분히 할 수 있는 장소이어야 하며, 온도상승을 억제해야 한다.
- 엔진<u>기초</u>는 건물기초와 무관한 장소로 한다.
- <u>발</u>전기실의 구조는 중량물의 운반, 설치 및 보수유지가 용이한 장소이어야 한다.
- <u>급</u>배기가 용이하고 엔진 및 배기관의 소음 및 진동이 주위 환경에 영향을 주지 않아야 한다.

문 53

출제년도 공15. 공산01.02.03.17.(5점/각 항목당 1점, 모두 맞으면 5점)

변전실의 위치선정 시 고려하여야 할 사항 5가지만 쓰시오.

[작성답안]
① 부하의 중심에 가깝고, 배전에 편리할 것
② 전원 인입과 구내 배전선의 인출이 편리할 것
③ 기기의 반출·입에 지장이 없고 증설·확장이 용이할 것
④ 부식성 가스, 먼지 등이 적을 것
⑤ 고온 다습한 곳을 피할 것
⑥ 진동이 없고 지반이 견고한 장소일 것
⑦ 폭발물, 가연성 저장소 부근을 피할 것
⑧ 침수의 우려가 없고 경제적일 것

■변전실의 위치선정시 고려사항

[암기법] 물건 발기부전하니 눈에 폭풍 습기찬다

- 물의 침수의 우려가 없고 경제적일 것
- 진(건)동이 없고 지반이 견고한 장소일 것

- 발전기실, 축전기실 등과 관련성을 고려하여 가급적 이들과 인접한 장소이어야 한다.
- 기기의 반출·입에 지장이 없고 증설·확장이 용이할 것
- 부하의 중심에 가깝고, 배전에 편리할 것
- 전원 인입과 구내 배전선의 인출이 편리할 것

- 폭발물, 가연성 저장소 부근을 피할 것
- 습기, 부식성 가스, 먼지 등이 적을 것

문 54

출제년도 00.05.(5점/각 항목당 1점, 모두 맞으면 5점)

차단기의 트립 방식을 4가지 쓰고 각 방식을 간단히 설명하시오.

[작성답안]
- 직류 전압 트립 방식 : 별도로 설치된 축전지 등의 제어용 직류 전원에 의해 트립되는 방식
- 과전류 트립 방식 : 차단기의 주회로에 접속된 변류기의 2차 전류에 의해 트립되는 방식
- 콘덴서 트립 방식 : 충전된 콘덴서의 에너지에 의해 트립되는 방식
- 부족 전압 트립 방식 : 부족 전압 트립 장치에 인가되어 있는 전압의 저하에 의해 트립되는 방식

■ 트립방식 4가지

[암기법] 콘서트 직전 과 부
- **콘**덴서 트립
- **직**류전압
- **과**전류
- **부**족 전압

문 55

출제년도 95.11.21.(5점/각 항목당 1점)

대용량 변압기의 이상이나 고장 등을 확인 또는 감시할 수 있는 변압기 보호 장치 5가지만 쓰시오.

[작성답안]
- 비율차동 계전기
- 브흐홀쯔 계전기
- 충격압력 계전기
- 온도 계전기
- 방압안전장치

■ 변압기 보호장치

[암기법] 온도충격 방비
- **온도** 계전기
- **충격**압력 계전기
- **방**압안전장치
- **비**율차동 계전기
- 브흐홀쯔 계전기

문 56

출제년도 88.96.08.(4점/각 항목당 1점)

송전 계통에는 변압기, 차단기, 계기용 변압 변류기, 애자 등 많은 기기와 기구 등이 사용되고 있는데, 이들의 절연 강도는 서로 균형을 이루어야 한다. 만약, 대충 정해져 있다면 그다지 중요하지 않는 개소의 절연을 강화하였기 때문에, 중요한 기기의 절연이 파괴될 수도 있게 된다. 그러므로, 절연 설계에 있어 계통에서 발생하는 이상 전압, 기기 등의 절연 강도, 피뢰 장치로 저감된 전압쪽 보호 레벨(level)의 3자 사이의 관련을 합리적으로 해야 하는데, 이것을 절연 협조(insulation coordination)라 한다. 그림은 이와 같이 하여 정한 절연 협조의 보기를 든 것이다. 각 개소에 해당되는 것을 다음 보기에서 골라 쓰시오.

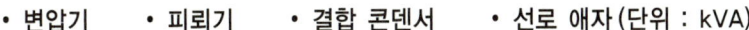

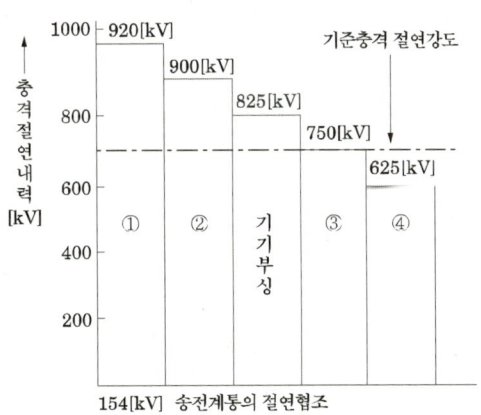

154[kV] 송전계통의 절연협조

[작성답안]
① 선로 애자　　　② 결합 콘덴서　　　③ 변압기　　　④ 피뢰기

[핵심] 절연협조

계통 내의 각 기기, 기구 및 애자 등의 상호간에 적정한 절연 강도를 지니게 하여 계통 설계를 경제적, 합리적으로 할 수 있도록 하는 것을 말한다.

- 기준 충격절연강도비교 : 선로애자 > 결합콘덴서 > 변압기 > 피뢰기

■ 송전계통 절연협조

[암기법] 선로 결합 기기를 변경해서 피봤다 : 피변기 결선

- <u>선로</u>애자
- <u>결합</u>콘덴서
- <u>기기</u>부싱
- <u>변</u>압기
- <u>피</u>뢰기

문 57

출제년도 99.(8점/각 항목당 1점)

송전선로에 코로나가 발생할 경우 나쁜 영향들을 4가지만 설명하고 또한 코로나 발생 방지대책과 방지대책에 대한 그 이유를 설명하시오.

[작성답안]

영향

- Peek의 식으로 계산할 수 있는 전력 손실을 발생한다.
- 코로나 방전에 의하여, 코로나 펄스가 발생하고 코로나 잡음으로써 전파 장해를 일으킨다.
- 고조파 전압, 전류의 발생한다.
- 오존 및 산화 질소가 발생하여, 수분과 합해서 초산(HNO_3)이 되면, 전선이나 바인드선을 부식한다.

대책

- 전선을 굵게 한다.
- 복도체를 채용한다.

이유

- 코로나 임계전압을 높여 코로나 발생을 억제한다.

■ 송전선 코로나 영향과대책

[암기법] 코로나 고 잡음 전부

- <u>고</u>조파 전압, 전류의 발생한다.
- 코로나 방전에 의하여, 코로나 펄스가 발생하고 코로나 <u>잡음</u>으로써 전파 장해를 일으킨다.
- Peek의 식으로 계산할 수 있는 <u>전</u>력 손실을 발생한다.
- 오존 및 산화 질소가 발생하여, 수분과 합해서 초산(HNO_3)이 되면, 전선이나 바인드선을 <u>부</u>식한다.

문 58
출제년도 05.17.(3점/각 항목당 1점)

배전선 전압을 조정하는 장치 3가지를 쓰시오.

[작성답안]
① 자동전압조정기
② 고정승압기(또는 승압기)
③ 병렬콘덴서
그 외
④ 선로전압강하보상기
⑤ 직렬콘덴서
⑥ 유도전압조정기
⑦ 부하시 탭절환변압기(또는 주변압기의 탭조정)

■ 배전선 전압조정

[암기법] 선유도 주병직 고자
- **선**로전압강하보상기
- **유도**전압조정기

- **주**변압기의 탭조정(**부**하시 탭절환변압기)
- **병**렬콘덴서
- **직**렬콘덴서

- **고**정승압기(또는 승압기)
- **자**동전압조정기

문 59

출제년도 08.17.18.20.(4점/각 항목당 1점)

단상 변압기의 병렬 운전 조건 4가지를 쓰시오.

[작성답안]
① 극성이 일치할 것
② 정격 전압(권수비)이 같은 것
③ %임피던스 강하(임피던스 전압)가 같을 것
④ 내부 저항과 누설 리액턴스의 비가 같을 것

■ 변압기의 병렬 운전 조건

[암기법] 병렬 극성 내 전임

- **극성**이 일치할 것
- **내**부 저항과 누설 리액턴스의 비가 같을 것

- 정격 **전**압(권수비)이 같은 것
- %임피던스 강하(**임**피던스 전압)가 같을 것

문 60

출제년도 98.04.(5점/장점3점, 단점2점)

일반적으로 사용되고 있는 열음극 형광등과 비교하여 슬림라인(Slim line) 형광등의 장점 5가지와 단점 3가지를 쓰시오.

(1) 장점

(2) 단점

[작성답안]

(1) 장점

① 필라멘트를 예열할 필요가 없어 기동 장치가 불필요하다.

② 순시 기동으로 점등에 시간이 짧다.

③ 점등 불량으로 인한 고장이 없다.

④ 양광주가 길고 효율이 좋다.

⑤ 전압 변동에 의한 수명의 단축이 없다.

(2) 단점

① 점등 장치가 비싸다.

② 전압이 높아 기동시에 음극이 손상하기 쉽다.

③ 전압이 높아 위험하다.

■ 슬림라인(Slim line)형광등의 장점

[암기법] 양 전 기 시 점

- 양광주가 길고 효율이 좋다.

- 전압 변동에 의한 수명의 단축이 없다.
- 필라멘트를 예열할 필요가 없어 기동 장치가 불필요하다.

- 순시 기동으로 점등에 시간이 짧다.
- 점등 불량으로 인한 고장이 없다.

문 61

출제년도 90.97.03.08.14.16.20.(8점/각 항목당 1점)

배전용 변전소에 접지 공사를 하고자 한다. 접지 목적을 3가지만 쓰고, 접지 개소를 5개소만 쓰도록 하시오.

[작성답안]

(1) 접지목적
    ① 감전 방지
    ② 기기의 손상 방지
    ③ 보호 계전기의 확실한 동작

(2) 접지개소
    ① 고압 및 특고압 기계기구 외함 및 철대접지
    ② 피뢰기 접지
    ③ 변압기의 안정권선(安定卷線)이나 유휴권선(遊休卷線) 또는 전압조정기의 내장권선(內藏卷線)
    ④ 변압기로 특고압전선로에 결합되는 고압전로의 방전장치
    ⑤ 고압 옥외전선을 사용하는 관 기타의 케이블을 넣는 방호장치의 금속제 부분

■ 접지개소

[암기법] 금속제 피고 안고
- 고압 옥외전선을 사용하는 관 기타의 케이블을 넣는 방호장치의 금속제 부분
- 피뢰기 접지
- 고압 및 특고압 기계기구 외함 및 철대접지

- 변압기의 안정권선이나 유휴권선 또는 전압조정기의 내장권선
- 변압기로 특고압전선로에 결합되는 고압전로의 방전장치

문 62

출제년도 21.(5점/각 항목당 1점, 모두 맞으면 5점)

접지저항의 결정요인인 접지저항 요소 3가지를 쓰시오.

[작성답안]
접지도체와 접지전극의 도체저항
접지전극의 표면과 토양사이의 접촉저항
접지전극 주위의 토양성분의 저항 즉 대지저항률

■ 접지저항에 영향을 주는 인자

[암기법] 접지도체 접대
- 접지도체와 접지전극의 도체저항
- 접지전극의 표면과 이것에 접하는 토양사이의 접촉저항
- 접지전극 주위의 토양성분의 저항 즉 대지저항률

문 63　　　　　　　　　　　　　　　　　　　　출제년도 21.(6점/각 문항당 3점)

피뢰시스템의 특성은 보호대상 구조물의 특성과 고려되는 피뢰레벨에 따라 결정된다. 위험성 평가를 기초로 하여 요구되는 피뢰시스템의 등급을 선택하여야 하는데, 피뢰시스템의 등급과 관계가 있는 데이터와 피뢰시스템의 등급과 관계없는 데이터를 구분하여 기호로 답하시오.

　　ⓐ 회전구체의 반경, 메시(mesh)의 크기 및 보호각
　　ⓑ 인하도선사이 및 환상도체사이의 전형적인 최적거리
　　ⓒ 위험한 불꽃방전에 대비한 이격거리
　　ⓓ 접지극의 최소길이
　　ⓔ 수뢰부시스템으로 사용되는 금속판과 금속관의 최소두께
　　ⓕ 접속도체의 최소치수
　　ⓖ 피뢰시스템의 재료 및 사용조건

(1) 피뢰시스템의 등급과 관계가 있는 데이터
(2) 피뢰시스템의 등급과 관계없는 데이터

[작성답안]

(1) 피뢰시스템의 등급과 관계가 있는 데이터
ⓐ ⓑ ⓒ ⓓ

(2) 피뢰시스템의 등급과 관계없는 데이터
ⓔ ⓕ ⓖ

■ KS C IEC 62305-3 피뢰시스템 LPS (Lightning protection system)

피뢰시스템의 등급과 관계가 있는 데이터

[암기법] 회전뇌 위험 인접

- <u>회전</u>구체의 반경, 메시(mesh)의 크기 및 보호각
- <u>뇌</u>파라미터
- <u>위험</u>한 불꽃방전에 대비한 이격거리
- <u>인</u>하도선사이 및 환상도체사이의 전형적인 최적거리
- <u>접</u>지극의 최소길이

문 64

출제년도 21.(6점/각 항목당 1점)

건축화조명방식에서 천정면을 이용한 조명방식 3가지와 벽면을 이용하는 조명방식 3가지를 쓰시오.

- 천정면
- 벽면

[작성답안]

- 천정면
  - 다운라이트
  - 코퍼(coffer)라이트
  - 핀홀라이트

  그 외
  - 라인라이트
  - 광천정조명
  - 매입형광등
- 벽면
  - 밸런스(valance) 조명
  - 코오니스(cornice) 조명
  - 광창조명

■ 건축화 조명

[암기법] 천정면 : 광고라 다핀 꽃 매입

- **광**천정조명
- **코**퍼(coffer)라이트
- **라**인라이트
- **다**운라이트
- **핀**홀라이트
- **매입**형광등

[암기법] 벽면 : 밸코오니 창

- **밸**런스(valance) 조명
- **코오니**스(cornice) 조명
- 광**창**조명

문 65 출제년도 21.(6점/각 항목당 1점)

외부 피뢰시스템에 대하여 다음 물음에 답하시오.
  (1) 수뢰부시스템의 구성요소 3가지
  (2) 피뢰시스템이 배치방법 3가지

[작성답안]
(1) 돌침, 수평도체, 메시도체
(2) 보호각법, 회전구체법, 메시법

■ 한국전기설비규정 152.1 수뢰부시스템

[암기법] 수평 돌맹이 구성
- **수평**도체
- **돌**침
- **메**시도체

[암기법] M회보 배치
- 메(**M**)시법
- **회**전구체법
- **보**호각법

문 66 　　　　　　　　　　　　　　　　　　　출제년도 15.20.(5점/각 항목당 1점)

협소한 면적의 대형 건축물 내에 설치된 여러 설비의 접지를 공통으로 묶어서 사용하는 접지를 공통접지라 한다. 공통접지의 특징 중 장점 5가지를 쓰시오.

[작성답안]
- 보수 점검이 쉽다.
   접지도체가 적어 접지계통이 단순해지기 때문에 보수 점검이 쉽다.
- 접지의 신뢰도가 향상된다.
   접지극 중 하나가 불능이 되어도 타 접지극으로 보완이 될 수 있다.
- 접지 저항 값이 감소한다.
   접지극이 복수일 경우 병렬접지의 효과로 합성 저항값이 감소한다.
- 전원측 접지와 부하 접지의 공용에 있어서 지락보호, 부하기기에 대한 접촉전압의 관점에서 유리해 진다.
- 접지저항이 극히 저하되므로 금속체에 접촉할 경우 감전의 우려가 적다.

■ 공통접지의 특징

[암기법] 수신함 접촉 감소
- 보수 점검이 쉽다.
- 접지의 신뢰도가 향상된다.
- 접지 저항이 극히 저하되므로 금속체(함)에 접촉할 경우 감전의 우려가 적다.
- 전원측 접지와 부하 접지의 공용에 있어서 지락보호, 부하기기에 대한 접촉전압의 관점에서 유리해 진다.
- 접지 저항 값이 감소한다.

문 67

출제년도 13.20.(4점/각 항목당 1점)

역률 개선용 콘덴서와 직렬로 연결하여 사용하는 직렬 리액터의 사용 목적 4가지를 쓰시오.

[작성답안]
① 콘덴서 사용시 고조파에 의한 전압파형의 왜곡방지
② 콘덴서 투입시 돌입전류 억제
③ 콘덴서 개방시 재점호한 경우 모선의 과전압 억제
④ 고조파 발생원에 의한 고조파전류의 유입억제와 계전기 오동작 방지

■ 직렬 리액터의 사용 목적

[암기법] 모유 코일처럼 돌고
- 콘덴서 개방시 재점호한 경우 **모**선의 과전압 억제
- 고조파 발생원에 의한 고조파전류의 **유**입억제와 계전기 오동작 방지
- 콘덴서 투입시 **돌**입전류 억제
- 콘덴서 사용시 **고**조파에 의한 전압파형의 왜곡방지

문 68   출제년도 11.19.(6점/각 항목당 1점)

태양광 발전의 장·단점은?

(1) 장점(4가지)

(2) 단점(2가지)

[작성답안]

(1) 장점

① 규모에 관계없이 발전효율이 일정하다.

② 일조량이 있는 곳이면 어디에서나 설치할 수 있고 보수가 용이하다.

③ 자원이 반영구적이다.

④ 확산광(산란광)도 이용할 수 있다.

(2) 단점

① 태양광의 에너지 밀도가 낮다.

② 비가 오거나 흐린 날씨에는 발전 능력이 저하한다.

그 외

③ 수력, 화력, 원자력 등 고전전인 발전보다 발전효율이 낮다.

■ 태양광 발전의 장점

[암기법] 규일이 친자 확인

- 규모에 관계없이 발전효율이 일정하다.
- 일조량이 있는 곳이면 어디에서나 설치할 수 있고 보수가 용이하다.
- 친환경 적이다.
- 자원이 반영구적이다.
- 확산광(산란광)도 이용할 수 있다.

문 69 출제년도 13.(5점/각 항목당 1점, 모두 맞으면 5점)

> 선로 보호용 피뢰기 설치 시 점검사항 3가지를 쓰시오.

[작성답안]
① 피뢰기 애자부분 손상여부를 점검 한다.
② 피뢰기 1, 2차 측 단자 및 단자볼트 이상 유무를 점검한다.
③ 피뢰기 1, 2차 절연저항을 측정한다.

■ 피뢰기 설치 시 점검사항

[암기법] 피뢰기 애자 단절

- 피뢰기 애자부분 손상여부를 점검 한다.
- 피뢰기 1, 2차 측 단자 및 단자볼트 이상 유무를 점검한다.
- 피뢰기 1, 2차 절연저항을 측정한다.

문 70　　　　　　　　　　　　　　　　출제년도 15.(5점/각 항목당 1점, 모두 맞으면 5점)

사용 중인 UPS의 2차 측에 단락사고 등이 발생했을 경우 UPS와 고장회로를 분리하는 방식 3가지를 쓰시오.

[작성답안]
① 배선용차단기에 의한 것
② 반도체보호용 한류형퓨즈에 의한 것 (속단퓨즈)
③ 사이리스터를 사용한 반도체차단기에 의한 방법

■ UPS와 고장회로를 분리

[암기법] 반(1/2)배속
- 사이리스터를 사용한 **반**도체차단기에 의한 방법
- **배**선용차단기에 의한 것
- 반도체보호용 한류형퓨즈에 의한 것 (**속**단퓨즈)

문 71

출제년도 16.(5점/각 항목당 1점)

조명설비의 광원으로 활용되는 할로겐램프의 장점(3가지)과 용도(2가지)를 각각 쓰시오.

   (1) 장점(3가지)

   (2) 용도(2가지)

[작성답안]

(1) 장점(3가지)
- 초소형, 경량의 전구(백열 전구의 1/10 이상 소형화 가능)
- 단위광속이 크다.
- 수명이 백열 전구에 비하여 2배로 길다.

그 외
- 연색성이 좋다.
- 별도의 점등장치가 필요하지 않다.
- 열충격에 강하다.
- 휘도가 높다.
- 정확한 빔을 가지고 있다.
- 배광제어가 용이하다.

(2) 용도(2가지)
- 자동차용, 복사기용 전구
- 무대 또는 상점의 스포트라이트

그 외
- 스튜디오 등의 스포트라이트

■ 할로겐램프의 장점

[암기법] 열배단위 초연한 수정별

- **열**충격에 강하다.
- **배**광제어가 용이하다.
- **단**위광속이 크다.
- **휘**도가 높다.
- **초**소형, 경량의 전구(백열 전구의 1/10 이상 소형화 가능)
- **연**색성이 좋다.
- **수**명이 백열 전구에 비하여 2배로 길다.
- **정**확한 빔을 가지고 있다.
- **별**도의 점등장치가 필요하지 않다.

문 72

출제년도 14.(5점/각 항목당 1점)

기존 광원에 비하여 LED 램프의 특성 5가지만 쓰시오.

[작성답안]
- 수명이 길다.
- 효율이 좋다.
- 발열 및 자외선이 적다.
- 소형 및 경량이다.
- 친환경적이다.

■ LED 램프의 특성

[암기법] 수소는 효자. 친환경 적이다
- <u>수</u>명이 길다.
- <u>소</u>형 및 경량이다.
- <u>효</u>율이 좋다.
- <u>자</u>외선 및 발열이 적다.
- <u>친환경</u>적이다.

문 73

출제년도 14.(5점/각 항목당 1점)

T-5램프의 특징 5가지를 쓰시오.

[작성답안]
① 기존 형광램프에 비해 에너지 절약이 35 [%] 이상이 된다.
② 유리자원, 금속 자재 폐기물이 감소한다.
③ 극소량의 수은만 봉입함으로써 환경오염을 줄인 친환경 형광등이다.
④ 형광등 중에서는 104 [lm/W] 으로 효율이 좋다.
⑤ 연색성이 우수하다.
그 외
⑥ 수명은 기존 형광램프보다 길다.(16,000시간)

■ T-5램프의 특징

[암기법] 효연이 극기 수유

- **효**율이 좋다(형광등 중에서는 104 [lm/W])
- **연**색성이 우수하다.

- **극**소량의 수은만 봉입함으로써 환경오염을 줄인 친환경 형광등이다.
- **기**존 형광램프에 비해 에너지 절약이 35 [%] 이상이 된다.

- **수**명은 기존 형광램프보다 길다.(16,000시간)
- **유**리자원, 금속 자재 폐기물이 감소한다.

문 74

출제년도 92.95.98.02.(4점/각 항목당 1점)

형광등이 백열 전구에 비하여 우수한 점을 4가지만 쓰시오.

[작성답안]
① 형광체의 혼합에 의하여 주광색, 백색 등 필요로 하는 광색을 쉽게 얻을 수 있다.
② 휘도가 낮다.
③ 효율이 높다.
④ 열방사가 적다.
⑤ 수명이 길다.
단점으로
⑥ 점등에 시간이 걸린다.　⑦ 부속장치가 필요하다.
⑧ 플리커가 생기기 쉽다　⑨ 역률이 나쁘다.
⑩ 온도 영향을 받는다.

■ **형광등이 백열 전구에 비하여 우수한 점**

[암기법] 장점 : 형수눈 열받아효
- 형광체의 혼합에 의하여 주광색, 백색 등 필요로 하는 광색을 쉽게 얻을 수 있다.
- 수명이 길다.
- 눈부심. 휘도가 낮다.
- 열방사가 적다.
- 효율이 높다.

[암기법] 단점 : 점등 역률온 깜빡했다
- 점등에 시간이 걸린다.
- 역률이 나쁘다.
- 온도 영향을 받는다.
- 깜빡임(플리커)이 생기기 쉽다
- 부속장치가 필요하다.

문 75

출제년도 10.(5점/각 항목당 1점)

전기화재 발생원인 5가지를 쓰시오.

[작성답안]
① 접촉불량　　　② 누전　　　③ 단락
④ 과전류(과부하)　⑤ 전기기기의 취급 부주의

■ 전기화재 발생원인

[암기법] 과접촉 누전은 단기불량

- 과전류(과부하)
- 접촉불량
- 누전

- 단락
- 전기기기의 취급 부주의
- 불꽃 방전(섬락)

문 76

출제년도 09.(5점/각 항목당 1점, 모두 맞으면 5점)

인체가 전기설비에 접촉되어 감전재해가 발생하였을 때 감전피해의 위험도를 결정하는 요인 4가지를 쓰시오.

[작성답안]
① 통전전류의 크기
② 통전경로
③ 통전시간
④ 전원의 종류

■ 감전피해의 위험도를 결정

[암기법] 감전은 경종시 크기가 위험하다
- 통전경로
- 전원의 종류
- 통전시간

- 통전전류의 크기

문 77

출제년도 11.13.(6점/각 문항당 3점)

접지저항의 저감법 중 물리적 방법 4가지와 대지저항률을 낮추기 위한 저감재의 구비조건 4가지를 쓰시오.

(1) 물리적 방법
(2) 저감재의 구비조건

[작성답안]

(1) • 접지봉을 병렬로 연결하며, 접지극의 면적을 증가시킨다.
 • 접지극의 매설깊이를 깊게 한다. 심타공법, 보링공법 등이 있다.
 • 매설지선을 설치한다. 매설지선은 철탑의 탑각접저항을 줄이는데 사용한다.
 • 평판접지전극을 사용하여 병렬 또는 직렬로 시공하다.
 그 외
 • Mesh 접지공법을 사용한다.

(2) • 인축이나 식물에 대한 안전성을 확보해야 한다.
 • 토양을 오염시키지 않아야 한다.
 • 전기적으로 양도체이어야 하며, 주위의 토양보다 도전도가 좋아야 한다.
 • 지속성이 있어야 한다.
 그 외
 • 저감재 사용후 경년에 따른 변화가 없어야 하며, 계절에 다른 접지저항의 변화가 없어야 한다.
 • 전극을 부식시키지 않아야 한다.
 • 저감효과가 커야 한다.

■ 저감재의 구비조건

[암기법] 오변된 전지는 안양에 효과 있다
- 토양을 오염시키지 않아야 한다.
- 저감재 사용후 경년에 따른 변화가 없어야 하며, 계절에 다른 접지저항의 변화가 없어야 한다.
- 전극을 부식시키지 않아야 한다.
- 지속성이 있어야 한다.
- 인축이나 식물에 대한 안전성을 확보해야 한다.
- 전기적으로 양도체이어야 하며, 주위의 토양보다 도전도가 좋아야 한다.
- 저감효과가 커야 한다.

문 78

출제년도 08.12.16.(5점/각 항목당 1점)

접지공사에서 접지저항을 저감시키는 방법을 5가지만 쓰시오.

[작성답안]
① 접지극의 길이를 길게한다.
② 접지극을 병렬접속한다.
③ 접지봉의 매설깊이를 깊게한다.(또는 심타접지공법으로 시공한다)
④ 접지저항 저감제를 사용한다.
⑤ 메쉬(mesh)접지를 시행한다.

■ 접지저항을 저감시키는 방법

[암기법] 저 병길이 심심타 메
- 접지저항 저감제를 사용한다.
- 접지극을 병렬접속한다.
- 접지극의 길이를 길게한다.
- 접지봉의 매설깊이를 깊게한다.(또는 심타접지공법으로 시공한다)
- 메쉬(mesh)접지를 시행한다.

문 79

출제년도 13.(5점/각 항목당 1점, 모두 맞으면 5점)

허용 가능한 독립접지의 이격거리를 결정하게 되는 세 가지 요인은 무엇인가?

[작성답안]
① 접지전극으로 유입되는 전류의 최대값
② 전위 상승의 허용치
③ 그 지점의 대지저항률(Soil Resistivity)

■ 독립접지의 이격거리를 결정하게 되는 세 가지 요인

[암기법] 대 유 전
- 그 지점의 **대**지저항률(Soil Resistivity)
- 접지전극으로 **유**입되는 전류의 최대값
- **전**위 상승의 허용치

문 80

출제년도 17.(5점/각 항목당 2점, 모두 맞으면 5점)

전동기의 진동과 소음이 발생하는 원인에 대하여 다음 각 물음에 답하시오.

(1) 진동이 발생하는 5가지 원인을 쓰시오.

(2) 전동기 소음을 크게 3가지로 분류하고 설명하시오.

[작성답안]

(1) 회전부의 편심
   축이음의 중심불균형
   베어링 불량
   회전자와 고정자의 불균형
   고조파등에 의한 회전자계 불균등

(2) ① 기계적 소음 : 베어링의 회전음, 회전자의 불균형, 브러시의 습동음, 전동기의 설치 불량으로 발생하는 소음

② 전자적 소음 : 고정자, 회전자에 작용하는 주기적인 전자력에 의한 철심의 진동에 의하여 생기는 소음.

③ 통풍소음 : 냉각팬이나 회전자 덕트 등에서 통풍상의 회전에 따르는 공기의 압축, 팽창에 의한 소음

■ 전동기의 진동과 소음

[암기법] 진동 : 불편중 회고

- 베어링 **불**량
- 회전부의 **편**심
- 축이음의 **중**심불균형

- **회**전자와 고정자의 불균형
- **고**조파등에 의한 회전자계 불균등

[암기법] 소음 : 전기 통풍

- **전**자적 소음 : 고정자, 회전자에 작용하는 주기적인 전자력에 의한 철심의 진동에 의하여 생기는 소음.
- **기**계적 소음 : 베어링의 회전음, 회전자의 불균형, 브러시의 습동음, 전동기의 설치불량으로 발생하는 소음
- **통풍**소음 : 냉각팬이나 회전자 덕트 등에서 통풍상의 회전에 따르는 공기의 압축, 팽창에 의한 소음

문 81

출제년도 97.(8점/각 항목당 1점, 모두 맞으면 8점)

공급 전원에는 전압 강하 등 기타 아무 이상이 없는데도 농형 3상 유도 전동기가 전혀 기동되지 않고 있을 때 그 원인이 될 수 있는 사항을 5가지만 열거하시오.

[작성답안]
- 기동기 고장
- 결선의 오접속
- 고정자 권선 내부의 오접속
- 코일의 단선 및 소손
- 회전자 도체의 접속불량

그 외
- 공극의 불균일

■ 기동되지 않는 원인

[암기법] 공회전 단권기 오접속
- 공극의 불균일
- 회전자 도체의 접속불량
- 큰 전압강하로 인한 기동 토크 부족

- 코일의 단선 및 소손
- 고정자 권선 내부의 오접속
- 기동기 고장

- 결선의 오접속

문 82
출제년도 09.10.15.(5점/각 항목당 1점)

3상 교류 전동기는 고장이 발생하면 여러 문제가 발생하므로, 전동기를 보호하기 위해 과부하보호 이외에 여러 가지 보호 장치를 하여야 한다. 3상 교류 전동기 보호를 위한 종류를 5가지만 쓰시오. (단, 과부하 보호는 제외한다.)

[작성답안]
① 지락보호   ② 단락보호   ③ 저전압 보호
④ 불평형 보호 ⑤ 회전자 구속 보호

■ 전동기 보호

[암기법] 지구불 단전
- 지락보호
- 회전자 구속 보호
- 불평형 보호
- 단락보호
- 저전압 보호

문 83

출제년도 10.(5점/각 항목당 1점)

전동기에는 소손을 방지하기 위하여 전동기용 과부하 보호장치를 설치하여야 하나 설치하지 아니하여도 되는 경우가 있다. 설치하지 아니하여도 되는 경우의 예를 5가지만 쓰시오.

[작성답안]
① 전동기 자체의 유효한 과부하소손방지장치가 있는 경우
② 일반 공작기계용 전동기 또는 호이스트 등과 같이 취급자가 상주하여 운전할 경우
③ 부하의 성질상 전동기가 과부하 될 우려가 없을 경우
④ 단상전동기로 15[A] 분기회로 (배선용차단기는 20[A])에서 사용할 경우
⑤ 전동기의 출력이 0.2[kW] 이하일 경우

그 외
⑥ 전동기 권선의 임피던스가 높고 기동 불능시에도 전동기가 소손될 우려가 없을 경우
⑦ 전동기의 출력이 4[kW]이하이고, 그 운전상태를 취급자가 전류계 등으로 상시 감시할 수 있을 경우

■ 전동기에는 소손을 방지하기 위하여 전동기용 과부하 보호장치를 설치하여야 하나 설치하지 아니하여도 되는 경우

[암기법] 자취권 성질 15 4 0.2
- 전동기 자체의 유효한 과부하소손방지장치가 있는 경우
- 일반 공작기계용 전동기 또는 호이스트 등과 같이 취급자가 상주하여 운전할 경우
- 전동기 권선의 임피던스가 높고 기동 불능시에도 전동기가 소손될 우려가 없을 경우

- 부하의 성질상 전동기가 과부하 될 우려가 없을 경우

- 단상전동기로 15[A] 분기회로 (배선용차단기는 20[A])에서 사용할 경우
- 전동기의 출력이 4[kW]이하이고, 그 운전상태를 취급자가 전류계 등으로 상시 감시할 수 있을 경우
- 전동기의 출력이 0.2[kW] 이하일 경우

문 84 출제년도 09.10.(5점/각 항목당 1점, 모두 맞으면 5점)

전동기에는 소손을 방지하기 위하여 전동기용 과부하 보호장치를 시설하여 자동적으로 회로를 차단하거나 과부하시에 경보를 내는 장치를 하여야 한다. 전동기 소손방지를 위한 과부하 보호장치의 종류를 4가지만 쓰시오.

[작성답안]
① 전동기용 퓨즈
② 열동계전기
③ 전동기 보호용 배선용 차단기
④ 정지형계전기(전자식계전기, 디지털식계전기 등)

■ 과부하 보호장치의 종류

[암기법] 퓨즈 열배 정지
- 전동기용 **퓨즈**
- **열**동계전기
- 전동기 보호용 **배**선용 차단기
- **정지**형계전기(전자식계전기, 디지털식계전기 등)

문 85

출제년도 17.(3점/각 항목당 1점)

전력설비 점검시 보호계전계통의 보호계전기 오동작 원인이 무엇인지 3가지를 쓰시오.

[작성답안]
- 여자돌입전류
- 취부 위치에서 예상할 수 있는 경사, 충격 및 진동
- 변류기의 포화

■ 보호계전기 오동작 원인

[암기법] 여자 마유진 포습 제계 : 여자 마유진 포섭 재개
- **여**자돌입전류
- 전**자**파, 서지, 노이즈에 의한 영향
- **마**찰저항 및 접촉저항의 증가
- **유**해가스에 의한 금속부분 부식
- **진**동 및 충격

- 변류기의 **포**화특성변화
- 높은 **습**도에 의한 절연성능 저하

- 허용범위를 초과한 **제**어전압의 과도한 변동
- 보호**계**전기 허용범위를 초과한 온도

문 86
출제년도 93.06.(5점/각 항목당 1점)

변압기를 과부하로 운전할 수 있는 조건을 5가지만 요약하여 쓰시오.

[작성답안]
- 주위 온도가 저하되었을 경우
- 온도 상승 시험 기록에 의해 미달되어 있는 경우
- 단시간 사용하는 경우
- 부하율이 저하되었을 경우
- 여러 가지 조건이 중복되었을 경우

■ 변압기를 과부하로 운전할 수 있는 조건

[암기법] 여부주온단 : 여러 부하의 주위 온도가 단시간인 경우
- 여러 가지 조건이 중복되었을 경우
- 부하율이 저하되었을 경우
- 주위 온도가 저하되었을 경우
- 온도 상승 시험 기록에 의해 미달되어 있는 경우
- 단시간 사용하는 경우

문 87
출제년도 96.99.(6점/각 항목당 1점, 모두 맞으면 6점)

단권 변압기는 1차, 2차 양회로에 공통된 권선 부분을 가진 변압기로 보통 변압기와 비교하면 장점도 있고 단점도 있다. 장점과 단점을 각각 2가지를 쓰고 사용 용도를 2가지만 쓰시오.

[작성답안]
(1) 장점
- 1권선 변압기이므로 동량을 줄일 수 있어 경제적이다.
- 동손이 감소하여 효율이 좋아진다.

그 외
- 부하 용량이 등가 용량에 비하여 커져 경제적이다.
- 누설자속 감소로 전압 변동률이 작다.

(2) 단점
- 누설 임피던스가 적어 단락 전류가 크다.
- 1차측에 이상전압이 발생시 2차측에도 고전압이 걸려 위험하다.

그 외
- 단락전류가 크게 되므로 열적, 기계적 강도가 커야 된다.

■ 단권 변압기 장단점

[암기법] 장점 : 전부 동동 - 전부 동동주
- 누설자속 감소로 전압 변동률이 작다.
- 부하 용량이 등가 용량에 비하여 커져 경제적이다.
- 1권선 변압기이므로 동량을 줄일 수 있어 경제적이다.
- 동손이 감소하여 효율이 좋아진다.

[암기법] 단점 : 1차 누설 열
- 1차측에 이상전압이 발생시 2차측에도 고전압이 걸려 위험하다.
- 누설 임피던스가 적어 단락 전류가 크다.
- 단락전류가 크게 되므로 열적, 기계적 강도가 커야 된다.

문 88

출제년도 13.(9점/각 항목당 3점)

아몰퍼스변압기의 장점 3가지와 단점 3가지를 쓰시오.

[작성답안]

(1) 장점
① 무부하손실을 기존몰드의 1 / 5수준으로 낮추어 전력손실이 작다.
② 철심의 발열량이 적어 권선 및 절연물들의 경년변화를 줄일수 있어 제품 수명이 길다.
③ 철심의 발열에 의한 권선의 온도상승을 최소화하여 과부하내량이 커진다.

(2) 단점
① 포화자속밀도가 낮으며, 점적률이 낮다.
② 아몰퍼스 메탈 소재의 높은 경도 및 나쁜 취성(제작상의 어려움)
③ 압축응력이 가해지면 특성이 저하된다.

■ 아몰퍼스변압기의 장·단점

[암기법] 장점 : 과부 수명 1/5
- 철심의 발열에 의한 권선의 온도상승을 최소화하여 과부하내량이 커진다.
- 철심의 발열량이 적어 권선 및 절연물들의 경년변화를 줄일수 있어 제품 수명이 길다.
- 무부하손실을 기존몰드의 1/5 수준으로 낮추어 전력손실이 작다.

[암기법] 단점 : 압축 제작 포화 - 압축애 의한 제작포화
- 압축응력이 가해지면 특성이 저하된다.
- 아몰퍼스 메탈 소재의 높은 경도 및 나쁜 취성(제작상의 어려움)
- 포화자속밀도가 낮으며, 점적률이 낮다.

문 89

출제년도 96.(5점/부분점수 없음)

> 한 계통 내의 각 개의 단위 부하, 예를 들면 한 배전 변압기에 접속되는 각 수용가의 부하는 각각의 특성에 따라 변동하므로 최대 수용 전력이 생기는 시각이 다른 것이 보통이다. 이 시각이 다른 정도를 나타내는 목적으로 사용되는 값으로서 일반적으로 다음과 같이 표현되며, 그 값은 보통 1보다 크다. 이것을 무엇이라 하는가? 또한 이 값이 클수록 설비의 이용도는 어떠한가?

[작성답안]
- 부등률
- 최대 전력을 소비하는 기기의 사용 시간대가 서로 다른 것을 의미 하며, 설비 이용률이 향상되며 경제적으로 유리하다.

■ 부등률의 의미

[암기법] 부등률은 최기사 다
- <u>최</u>대 전력을 소비하는 <u>기</u>기의 <u>사</u>용 시간대가 서로 <u>다</u>른 것을 의미 하며, 설비 이용률이 향상되며 경제적으로 유리하다.

문 90

출제년도 95.03.08.11.13.(4점/부분점수 없음)

"부하율"에 대하여 설명하고 부하율이 적다는 것은 무엇을 의미하는지 2가지만 쓰시오.

[작성답안]

- 부하율 : 일정기간 중의 최대 수요 전력에 대한 평균 수요전력의 비를 의미한다.

$$부하율 = \frac{평균\ 수요\ 전력[kW]}{최대\ 수요\ 전력[kW]} \times 100\,[\%]$$

- 부하율이 적다의 의미
 ① 공급 설비를 유용하게 사용하지 못한다.
 ② 평균 수요 전력과 최대 수요 전력과의 차가 커지게 되므로 부하 설비의 가동률이 저하된다.

■ **부하율이 적다의 의미**

[암기법] 공유사용으로 가동률 저하

- 공급 설비를 유용하게 사용하지 못한다.
- 부하 설비의 가동률이 저하된다.

문 91 출제년도 12.(4점/부분점수 없음)

보호 계전기에 필요한 특성 4가지를 쓰시오.

[작성답안]
① 선택성
② 신뢰성
③ 감도
④ 속도

■ 보호계전기에 필요한 특성

[암기법] 속도 신선감

– 속도
– 신뢰성
– 선택성
– 감도

문 92

출제년도 18.(6점/모두 맞는 경우 6점, 1개 틀린 경우 3점, 2개 이상 틀린 경우 0점)

최대전력(Peak Power)을 억제하는 방법 3가지 쓰시오.

[작성답안]
① 부하의 피크커트(peak cut)제어
② 부하의 피크시프트(peak shift) 제어
③ 디맨드제어 장치의 이용

그 외
④ 자가용 발전설비의 가동에 의한 피크제어방식
⑤ 분산형 전원에 의한 제어방식
⑥ 설비부하의 프로그램 제어방식

■ 최대전력(Peak Power)을 억제

[암기법] 피시맨 제어
- 부하의 피크커트(peak cut)제어
- 부하의 피크시프트(peak shift) 제어
- 디맨드제어 장치의 이용
- 자가용 발전설비의 가동에 의한 피크제어방식
- 분산형 전원에 의한 제어방식
- 설비부하의 프로그램 제어방식

전기(산업)기사 실기

PART 03
꼭 나오는 유형

꼭 나오는 유형

	체크리스트	점수	출제년도
1	변류비 선정	4	98.16.17
2	피뢰기 정격전압	5	09.17.22
3	콜라우시 브리지법에 의한 접지저항 계산	6	16.19
4	전력량계 결선	12	99.01.02.21
5	전력퓨즈 특성	9	88.97.98.99.02.03.06.16
6	차단기 정격전압	6	19
7	과전류 계전기 탭 선정	6	95.05.15.20
8	비율차동계전기 결선	6	98.06.10
9	변압기의 손실과 효율	6	13.17.22
10	수용률 부하율 부등률	10	16.20
11	변압기 용량의 산출	6	85.93.99.03.14
12	역률개선	8	07.08.11.13.21
13	축전지 용량의 산출	5	03.06.11.14.15.20
14	교류발전기 단락비	6	96.00.04.05.15.17.20
15	기동용량을 고려한 발전기의 용량계산	6	92.93.00.02.06.09.10.12.13.16.18.20
16	수용률을 적용한 발전기 용량계산	6	96.00.11.13.15.21
17	수변전설비 표준결선도	10	98.08.15
18	수변전설비 응용결선도	14	20
19	고장점 찾기	4	95.97.06.00.10.15.21
20	설비불평형률	5	98.99.00.04.05.07.09.14
21	분기회로수	6	97.02.13
22	전압강하를 이용한 전선의 굵기	7	20

	체크리스트	점수	출제년도
23	광속법에 의한 전등수 산출	8	94.01.06.11.12.20
24	권상기 펌프용 전동기 용량의 산출	5	94.08.11.12.16.21.22
25	한국전기설비 규정에 의한 접지선의 굵기 선정	4	21
26	절연내력시험	5	18.21
27	배전특성	5	17
28	배전특성	4	08.19.21.22
29	%임피던스법	6	16
30	충전전류 충전용량	6	01.15.19.22
31	무접점 제어회로	6	04.05.07.17
32	전동기 제어회로	8	03.14
33	PLC 제어회로	6	19

변류비선정

출제년도 98.16.17.(4점/부분점수 없음)

부하 용량이 500 [kW]이고, 전압이 3상 380 [V]인 전기 설비의 계기용 변류기 1차 전류를 계산하고, 그 값을 기준으로 변류기의 1차 정격전류를 아래 조건 선정하시오.

[조건]
- 수용가의 인입 회로나 전력용 변압기의 1차측에 설치하는 것임.
- 실제 사용하는 정도의 1차 전류용량을 산정할 것.
- 부하 역률은 1로 계산한다.
- 변류기 1차 정격전류[A]는 300, 400, 600, 800, 1000 중에서 선정한다.

[작성답안]

계산 : $I = \dfrac{P}{\sqrt{3}\,V\cos\theta} \times 1.25 \sim 1.5\,[A]$

$I = \dfrac{500 \times 10^3}{\sqrt{3} \times 380 \times 1} \times 1.25 \sim 1.5 = 949.59 \sim 1139.51\,[A]$

∴ 변류비 1000/5를 선정

답 : 1000[A]

피뢰기 정격전압

출제년도 09.17.22.(5점/부분점수 없음)

154[kV] 중성점 직접 접지 계통에서 접지계수가 0.75이고, 여유도가 1.1이라면 전력용 피뢰기의 정격전압은 피뢰기 정격전압 중 어느 것을 택하여야 하는가?

피뢰기 정격전압 (표준치 [kV])

| 126 | 144 | 154 | 168 | 182 | 196 |

[작성답안]

계산 : $V = \alpha\beta V_m = 0.75 \times 1.1 \times 170 = 140.25\,[\text{kV}]$

∴ 144 [kV] 선정

답 : 144 [kV]

콜라우시 브리지법

출제년도 16.19.(6점/각 문항당 3점)

피뢰기 접지공사를 실시한 후, 접지저항을 보조 접지 2개(A와 B)를 시설하여 측정하였더니 본 접지와 A사이의 저항은 86[Ω], A와 B사이의 저항은 156[Ω], B와 본 접지 사이의 저항은 80[Ω]이었다. 이 때 다음 각 물음에 답하시오.

(1) 피뢰기의 접지 저항값을 구하시오.

(2) 접지공사의 적합여부를 판단하고, 그 이유를 설명하시오.
 • 적합여부 :
 • 이유 :

[작성답안]

(1) 계산 : $R_x = \dfrac{1}{2}(R_{xa} + R_{bx} - R_{ab}) = \dfrac{1}{2}(86 + 80 - 156) = 5[\Omega]$

　답 : $5[\Omega]$

(2) 적합여부 : 적합

　이유 : 피뢰기의 접지저항의 최대값이 10[Ω]이므로 한국전기설비규정에 적합하다.

[핵심] 콜라우시 브리지법

콜라우시 브리지법은 미끄럼줄 브리지의 원리와 동일한 방법으로 사용하나 내부 전원으로 직류 전원과 배율기를 가지고 있어 측정 소자의 특성을 고려한 측정을 할 수 있다.

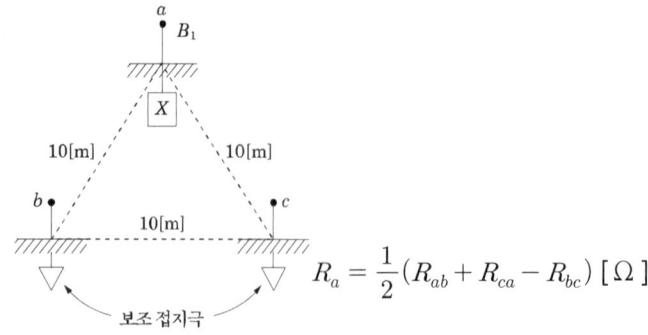

$R_a = \dfrac{1}{2}(R_{ab} + R_{ca} - R_{bc})\,[\Omega]$

전력량계 결선

출제년도 99.01.02.21.(12점/각 문항당 3점)

3φ4W Line에 WHM를 접속하여 전력량을 적산시키기 위한 결선도이다.
다음 물음을 보고 주어진 답안지에 계산식과 답을 쓰시오.

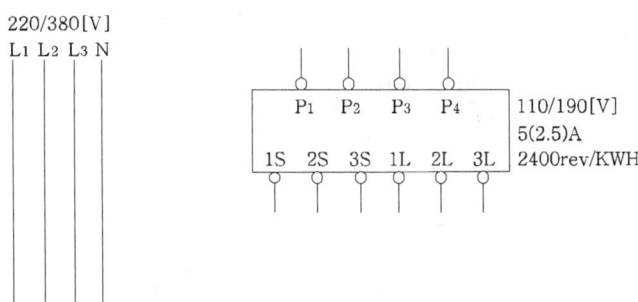

(1) WHM가 정상적으로 적산이 가능하도록 변성기를 추가하여 결선도를 완성하시오.

(2) 필요한 PT 비율은?

(3) 이 WHM의 계기 정수는 2,400 [rev/kWh]이다. 지금 부하 전류가 150 [A]에서 변동없이 지속되고 있다면 원판의 1분간의 회전수는?(단, CT비 : 300/5 [A], $\cos\phi$ = 1, 50 [%] 부하시 WHM로 흐르는 전류는 2.5 [A]임)

(4) WHM의 승률은? (단, CT비는 300/5, rpm = 계기 정수 × 전력)

[작성답안]

(1)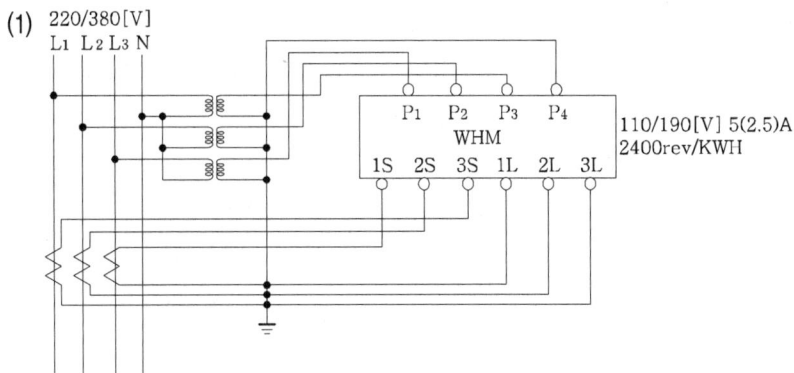

(2) $PT = \dfrac{220}{110}$

(3) 계산 : 회전수$[rpm]$ = 계기 정수 × 전력

$$= 2,400 \times \sqrt{3} \times 190 \times 2.5 \times 10^{-3} \times \dfrac{1}{60} = 32.91\,[회]$$

답 : 32.91 [회]

(4) 계산 : 승률 = PT×CT = $\dfrac{220}{110} \times \dfrac{300}{5} = 120$

답 : 120

전력퓨즈 특성

출제년도 88.97.98.99.02.03.06.16.(9점/각 문항당 3점)

전력용 퓨즈에서 퓨즈에 대한 그 역할과 기능에 대해서 다음 각 물음에 답하시오.

(1) 퓨즈의 역할을 크게 2가지로 대별하여 간단하게 설명하시오.

(2) 표와 같은 각종 기구의 능력 비교표에서 관계(동작)되는 해당란에 ○표로 표시하시오.

기능 \ 능력	회로분리		사고차단	
	무부하시	부하시	과부하시	단락시
퓨 즈				
차단기				
개폐기				
단로기				
전자 접촉기				

(3) 퓨즈의 성능(특성) 3가지를 쓰시오.

[답안작성]

(1) • 부하 전류를 안전하게 통전시킨다.
 • 일정값 이상의 과전류를 차단하여 선로 및 기기를 보호한다.

(2)

기능 \ 능력	회로분리		사고차단	
	무부하시	부하시	과부하시	단락시
퓨 즈	○			○
차단기	○	○	○	○
개폐기	○	○	○	
단로기	○			
전자 접촉기	○	○	○	

(3) ① 용단 특성　② 단시간 허용 특성　③ 전차단 특성

차단기 정격

출제년도 19.(6점/각 항목당 1점)

우리나라에서 송전계통에 사용하는 차단기의 정격전압과 정격차단시간을 나타낸 표이다. 다음 빈칸을 채우시오. (단, 사이클은 60[Hz] 기준이다.)

공칭전압(kV)	22.9	154	345
정격전압(kV)	①	②	③
정격차단시간 (cycle은 60[Hz]기준)	④	⑤	⑥

[작성답안]

① 25.8 ② 170 ③ 362
④ 5   ⑤ 3   ⑥ 3

[핵심] 차단기의 정격전압(Rated Voltage)

정격전압이란 규정된 조건에 따라 기기에 인가될 수 있는 사용회로전압의 상한을 말하며 계통의 공칭전압에 따라 아래 표를 표준으로 한다.

공칭전압[kV]	정격전압[kV]	비 고
6.6	7.2	
22 또는 22.9	25.8	23kV 포함
66	72.5	
154	170	
345	362	
765	800	

OCR 탭선정

출제년도 95.05.15.20.(6점/각 문항당 2점)

변류기(CT)에 관한 다음 각 물음에 답하시오.

(1) Y-△로 결선한 주변압기의 보호로 비율차동계전기를 사용한다면 CT의 결선은 어떻게 하여야 하는지를 설명하시오.

(2) 통전 중에 있는 변류기의 2차측 기기를 교체하고자 할 때 가장 먼저 취하여야 할 조치를 설명하시오.

(3) 수전전압이 22.9 [kV], 수전 설비의 부하 전류가 40 [A]이다. 60/5 [A]의 변류기를 통하여 과부하 계전기를 시설하였다. 120 [%]의 과부하에서 차단시킨다면 과부하 트립 전류값은 몇 [A]로 설정해야 하는가?

[작성답안]

(1) 변압기 권선이 △접속 측에는 Y접속, Y접속 측에는 △접속하여 위상관계가 적정하게 하여야 한다.

(2) 변류기 2차측을 단락시킨다.

(3) 계산 : $I_{tap} = 40 \times \dfrac{5}{60} \times 1.2 = 4\,[A]$

답 : 4 [A]

[핵심] 보호계전기 정정

① 순시탭 정정

변압기 1차측 단락사고에 대하여 동작하며, 2차 단락사고 및 변압기 여자 돌입전류(inrush current)에 동작하지 않는다.

- 변압기1차측 단락사고에 대하여 동작하여야 한다.
- 변압기2차측 (Magnetizing Inrush Current)에 동작하지 않도록 한다.
- TR 2차 3상단락전류의 150 [%]에 정정한다.
- 순시 Tap

  순시 Tap = 변압기2차 3상단락전류 $\times \dfrac{2차전압}{1차전압} \times 1.5 \times \dfrac{1}{CT비}$

② 한시탭 정정

$$I_t = 부하\ 전류 \times \frac{1}{CT비} \times 설정값 [A]$$

설정값은 보통 전부하 전류의 1.5배로 적용하며, I_t값을 계산후 2[A], 3[A], 4[A], 5[A], 6[A], 7[A], 8[A], 10[A], 12[A] 탭 중에서 가까운 탭을 선정한다.

③ 한시레버정정

수용설비일 경우 변압기2차 3상단락고장시 0.6초 이하에서 동작하도록 선정한다.

비율차동계전기 결선

출제년도 98.06.10.(6점/각 문항당 1점, 모두 맞으면 6점)

답안지의 그림은 1, 2차 전압이 66/22[kV]이고, $Y-\triangle$ 결선된 전력용 변압기이다. 1, 2차에 CT를 이용하여 변압기의 차동 계전기를 동작시키려고 한다. 주어진 도면을 이용하여 다음 각 물음에 답하시오.

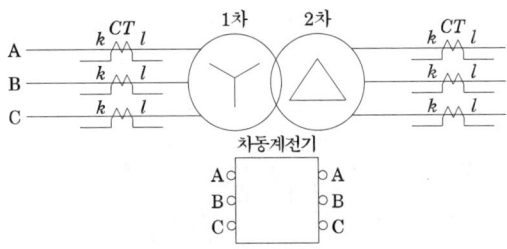

(1) CT와 차동 계전기의 결선을 주어진 도면에 완성하시오.

(2) 1차측 CT의 권수비를 200/5로 했을 때 2차측 CT의 권수비는 얼마가 좋은지를 쓰고, 그 이유를 설명하시오.

(3) 변압기를 전력 계통에 투입할 때 여자 돌입 전류에 의한 차동 계전기의 오동작을 방지하기 위하여 이용되는 차동 계전기의 종류(또는 방식)를 한 가지만 쓰시오.

(4) 우리 나라에서 사용되는 CT의 극성은 일반적으로 어떤 극성의 것을 사용하는가?

[작성답안]

(1)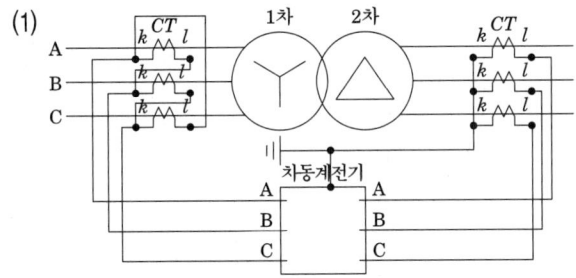

(2) 변류비 : 600/5

이유 : 변압기의 권수비 $= \dfrac{66}{22} = 3$ 이므로 2차측 CT의 권수비는 1차측 CT의 권수비의 3배이어야 한다.   2차측 CT의 권수비 $= \dfrac{200}{5} \times 3(배) = \dfrac{600}{5}$ 이므로 변류비는 600/5 가 적정하다.

(3) 감도저하법

(4) 감극성

[핵심] 비율차동계전기

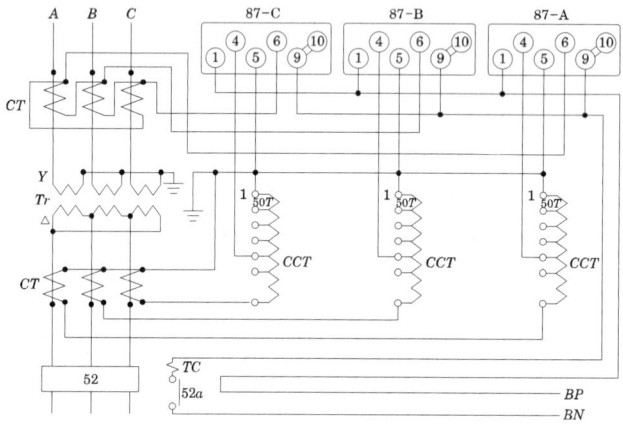

비율차동계전기는 변압기 투입시 여자 돌입 전류에 의한 오동작을 방지한 경우는 최소 35[%]의 불평형 전류로 동작한다. 비율차동계전기 Tap선정은 차전류가 억제코일에 흐르는 전류에 대한 비율보다 계전기 비율을 크게 선정해야 한다.

변압기효율

출제년도 13.17.22.(6점/각 문항당 1점, 모두 맞으면 6점)

어느 단상 변압기의 2차 전압 2300[V], 2차 정격전류 43.5[A], 2차측에서 본 합성저항이 0.66[Ω], 무부하손 1000[W]이다. 전부하시 역률 100[%] 및 80[%] 일 때의 효율을 각각 구하시오.

(1) 전부하시 역률 100[%]경우 효율
(2) 전부하시 역률 80[%]경우 효율
(3) 반부하시 역률 100[%]경우 효율
(4) 반부하시 역률 80[%]경우 효율

[작성답안]

(1) 전부하시 역률 100[%]의 경우

계산 : $\eta = \dfrac{P\cos\theta}{P\cos\theta + P_i + P_c} \times 100$

$= \dfrac{2300 \times 43.5 \times 1}{2300 \times 43.5 \times 1 + 1000 + 43.5^2 \times 0.66} \times 100 = 97.8[\%]$

답 : 97.8[%]

(2) 전부하시 역률 80[%]의 경우

계산 : $\eta = \dfrac{P\cos\theta}{P\cos\theta + P_i + P_c} \times 100$

$= \dfrac{2300 \times 43.5 \times 0.8}{2300 \times 43.5 \times 0.8 + 1000 + 43.5^2 \times 0.66} \times 100 = 97.27[\%]$

답 : 97.27[%]

(3) 반부하시 역률 100[%]의 경우

계산 : $\eta = \dfrac{\dfrac{1}{2}P\cos\theta}{\dfrac{1}{2}P\cos\theta + P_i + \left(\dfrac{1}{2}\right)^2 P_c} \times 100$

$= \dfrac{\dfrac{1}{2} \times 2300 \times 43.5 \times 1}{\dfrac{1}{2} \times 2300 \times 43.5 \times 1 + 1000 + \left(\dfrac{1}{2}\right)^2 43.5^2 \times 0.66} \times 100 = 97.44[\%]$

답 : 97.44[%]

(4) 반부하시 역률 80[%]의 경우

계산 : $\eta = \dfrac{\dfrac{1}{2}P\cos\theta}{\dfrac{1}{2}P\cos\theta + P_i + \left(\dfrac{1}{2}\right)^2 P_c} \times 100$

$= \dfrac{\dfrac{1}{2} \times 2300 \times 43.5 \times 0.8}{\dfrac{1}{2} \times 2300 \times 43.5 \times 0.8 + 1000 + \left(\dfrac{1}{2}\right)^2 \times 43.5^2 \times 0.66} \times 100 = 96.83[\%]$

답 : 96.83[%]

수용률 부하율 부등률

출제년도 16.20.(10점/각 문항당 2점)

어느 변전소에서 그림과 같은 일부하 곡선을 가진 3개의 부하 A, B, C의 수용가에 있을 때 다음 각 물음에 답하시오.(단, 부하 A, B, C의 평균 전력은 각각 4,500 [kW], 2,400 [kW], 및 900 [kW]라 하고 역률은 각각 100 [%], 80 [%], 60 [%]라 한다.)

(1) 합성최대전력 [kW]을 구하시오.

(2) 종합 부하율 [%]을 구하시오.

(3) 부등률을 구하시오.

(4) 최대 부하시의 종합역률 [%]을 구하시오.

(5) A수용가에 관한 다음 물음에 답하시오.

  ① 첨두부하는 몇 [kW]인가?

  ② 지속첨두부하가 되는 시간은 몇 시부터 몇 시까지 인가?

  ③ 하루 공급된 전력량은 몇 [MWh]인가?

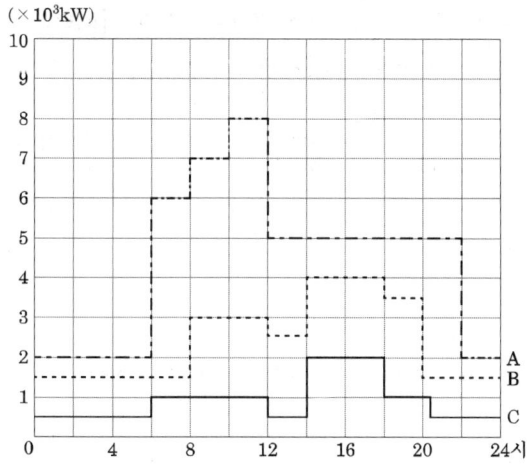

[작성답안]

(1) 계산 : 합성최대전력 $= (8+3+1) \times 10^3 = 12,000 \,[\text{kW}]$

　　답 : 12,000 [kW]

(2) 계산 : 종합부하율 $= \dfrac{\text{각 평균전력의 합}}{\text{합성최대전력}} = \dfrac{4,500 + 2,400 + 900}{12,000} \times 100 = 65\,[\%]$

　　답 : 65 [%]

(3) 계산 : 부등률 $= \dfrac{\text{각 최대전력의 합}}{\text{합성최대전력}} = \dfrac{(8+4+2) \times 10^3}{12 \times 10^3} = 1.17$

　　답 : 1.17

(4) 계산 : A수용가 유효전력 = 8,000 [kW]

　　A 수용가 무효전력 = 0 [kVar]

　　B 수용가 유효전력 = 3,000 [kW]

　　B 수용가 무효전력 $= 3,000 \times \dfrac{0.6}{0.8} = 2,250\,[\text{kVar}]$

　　C 수용가 유효전력 = 1,000 [kW]

　　C 수용가 무효전력 $= 1,000 \times \dfrac{0.8}{0.6} = 1333.33\,[\text{kVar}]$

　　유효전력 합계 $= 8,000 + 3,000 + 1,000 = 12,000\,[\text{kW}]$

　　무효전력 합계 $= 0 + 2,250 + 1333.33 = 3583.33\,[\text{kVar}]$

　　∴ 종합역률 $= \dfrac{12,000}{\sqrt{12,000^2 + 3583.33^2}} \times 100 = 95.82\,[\%]$

　　답 : 95.82 [%]

(5) ① 8,000 [kW]

　　② 10시 ~ 12시

　　③ 계산 : $W = P\,t = 4,500 \times 24 \times 10^{-3} = 108\,[\text{MWh}]$

　　답 : 108 [MWh]

변압기용량

출제년도 85.93.99.03.14. 07.(6점/각 문항당 3점)

그림과 같이 전등만의 2군 수용가가 각각 1대씩의 변압기를 통해서 전력을 공급받고 있다. 각 군 수용가의 총설비용량은 각각 30[kW] 및 40[kW]라고 한다. 각 군 수용가에 사용할 변압기의 용량을 선정하시오. 또한 고압 간선에 걸리는 최대 부하는 얼마로 되겠는가?

【조건】
- 각 수용가의 수용률 0.5
- 수용가 상호간의 부등률 1.2
- 변압기 상호간의 부등률 1.3

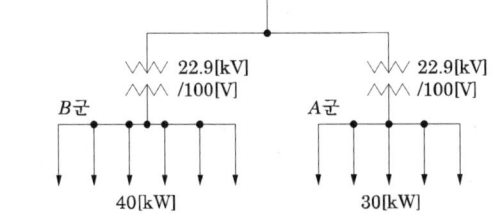

변압기 표준 용량 [kVA]

5	10	15	20	25	50	75	100

(1) 각 군 수용가에 사용할 변압기의 용량을 산정하시오.
　① A군
　② B군
(2) 고압간선에 걸리는 최대부하는 몇 [kW]인가?

[작성답안]
(1) ① A군

　계산 : $T_A = \dfrac{30 \times 0.5}{1.2 \times 1} = 12.5\,[\text{kVA}]$

　∴ 표에서 15[kVA] 선정
　답 : 15[kVA]

② B군

계산 : $T_B = \dfrac{40 \times 0.5}{1.2 \times 1} = 16.67\,[\text{kVA}]$

∴ 표에서 20 [kVA] 선정

답 : 20 [kVA]

(2) 계산 : 최대 부하 $= \dfrac{T_A + T_B}{\text{부등률}} = \dfrac{12.5 + 16.67}{1.3} = 22.44\,[\text{kW}]$

답 : 22.44 [kW]

역률개선

출제년도 07.08.11.13.21.(8점/각 문항당 2점)

정격용량 500 [kVA]의 변압기에서 배전선의 전력손실은 40 [kW], 부하 L_1, L_2에 전력을 공급하고 있다. 지금 그림과 같이 전력용 콘덴서를 기존 부하와 병렬로 연결하여 합성 역률을 90[%]로 개선하고 새로운 부하를 증설하려고 할 때 다음 물음에 답하시오. (단, 여기서 부하 L_1은 역률 60 [%], 180 [kW]이고, 부하 L_2의 전력은 120 [kW], 160 [kVar]이다.)

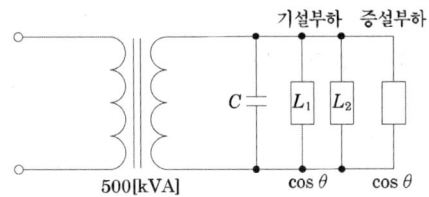

(1) 부하 L_1과 L_2의 합성용량[kVA]과 합성역률은?

　① 합성용량

　② 합성역률

(2) 합성역률을 90 [%]로 개선하는데 필요한 콘덴서 용량(Q_c)는 몇 [kVA]인가?

(3) 역률 개선시 배전선의 전력손실은 몇 [kW]인가?

(4) 역률 개선시 변압기 용량의 한도까지 부하설비를 증설하고자 할 때 증설부하용량은 몇 [kVA]인가? (단, 증설부하의 역률은 기존부하의 합성역률과 같은 것으로 한다.)

[작성답안]

(1) ① 합성용량

계산 : $P = P_1 + P_2 = 180 + 120 = 300 [\text{kW}]$

$Q = Q_1 + Q_2 = \dfrac{P_1}{\cos\theta_1} \times \sin\theta_1 + Q_2 = \dfrac{180}{0.6} \times 0.8 + 160 = 400 [\text{kVar}]$

$\therefore P_a = \sqrt{P^2 + Q^2} = \sqrt{300^2 + 400^2} = 500 [\text{kVA}]$

답 : 500 [kVA]

② 합성역률

계산 : $\cos\theta = \dfrac{P}{P_a} = \dfrac{300}{500} \times 100 = 60\,[\%]$

답 : 60 [%]

(2) 계산 : $Q_c = P(\tan\theta_1 - \tan\theta_2) = 300\left(\dfrac{0.8}{0.6} - \dfrac{\sqrt{1-0.9^2}}{0.9}\right) = 254.7\,[\text{kVA}]$

답 : 254.7 [kVA]

(3) 계산 : $P_l = \dfrac{RP^2}{V^2\cos^2\theta}$ 에서 $P_l \propto \dfrac{1}{\cos^2\theta}$

$\therefore P_l' = \dfrac{1}{\left(\dfrac{0.9}{0.6}\right)^2} \times 40 = 17.78\,[\text{kW}]$

답 : 17.78 [kW]

(4) 계산 : 역률 개선후

$P_a = \sqrt{(P+P_l)^2 + (Q-Q_c)^2} = \sqrt{(300+17.78)^2 + (400-254.7)^2} = 349.42\,[\text{kVA}]$

증설부하 용량 $P_a' = 500 - 349.42 = 150.58\,[\text{kVA}]$

답 : 150.58 [kVA]

축전지용량

출제년도 03.06.11.14.15.20. 유 96.99.11.(5점/부분점수 없음)

그림과 같은 방전특성을 갖는 부하에 필요한 축전지 용량은 몇 [Ah] 인지 구하시오. (단, 방전전류 : I_1 = 200 [A], I_2 = 300 [A], I_3 = 150 [A], I_4 = 100 [A] 방전시간 : T_1 = 130분, T_2 = 120분, T_3 = 40분, T_5 = 5분 용량환산시간 : K_1 = 2.45, K_2 = 2.45, K_3 = 1.46, K_4 = 0.45 보수율은 0.7을 적용한다.)

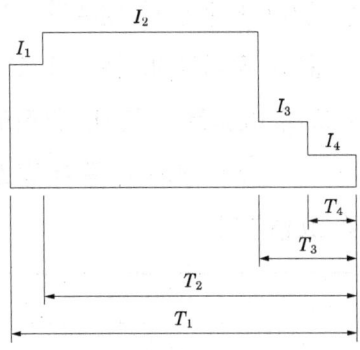

[작성답안]

계산 : $C = \dfrac{1}{L}\left[K_1 I_1 + K_2(I_2 - I_1) + K_3(I_3 - I_2) + K_4(I_4 - I_3)\right]$ [Ah]

$= \dfrac{1}{0.7}\{2.45 \times 200 + 2.45 \times (300-200) + 1.46 \times (150-300) + 0.45(100-150)\}$

$= 705$ [Ah]

답 : 705 [Ah]

단락비

출제년도 96.00.04.05.15.17.20.(6점/각 문항당 3점)

교류 발전기에 대한 다음 각 물음에 답하시오.

(1) 정격전압 6000 [V], 용량 5000 [kVA]인 3상 동기 발전기에서 계자전류가 10 [A], 무부하 단자전압은 6000 [V], 단락전류 700 [A]라고 한다. 이 발전기의 단락비는 얼마인가?

(2) 단락비가 큰 발전기는 전기자 권선의 권수가 적고 자속량이 (①)하기 때문에 부피가 크고, 중량이 무거우며, 동이 비교적 적고 철을 많이 사용하여 이른바 철기계가 되며 효율은 (②), 안정도의 (③)고 선로 충전용량의 증대가 된다. ( )안의 내용은 증가(감소), 크다(작고), 높다(낮고), 적다(많고) 등으로 표현한다.

①	②	③
증가	낮다	크다

[작성답안]

(1) 계산 : $K_s = \dfrac{I_s}{I_n} = \dfrac{I_s}{\dfrac{P}{\sqrt{3}\,V}} = \dfrac{700}{\dfrac{5,000 \times 10^3}{\sqrt{3} \times 6,000}} = 1.45$

답 : 1.45

(2)

①	②	③
증가	낮다	크다

[핵심] 단락비

단락비가 큰 발전기는 전기자 권선의 권수가 적고 자속량이 (증가)하기 때문에 부피가 크고, 중량이 무거우며, 동이 비교적 적고 철을 많이 사용하여 이른바 철기계가 되며 효율은 (낮다), 안정도의 (크)고 선로 충전용량의 증대가 된다.

$K_s = \dfrac{\text{무부하에서 정격전압을 유기하는 데 필요한 계자전류}}{\text{정격전류와 같은 단락전류를 흘리는 데 필요한 계자전류}}$

발전기용량

출제년도 00.02.06. ㈜ 92.93.00.02.06.09.10.12.13.16.18.20.(6점/각 문항당 3점)

자가용 전기설비에 대한 각 물음에 답하시오.

(1) 자가용 전기설비의 중요검사(시험)사항을 3가지만 쓰시오.

(2) 예비용 자가발전설비를 시설하고자 한다. 조건에서 발전기의 정격용량은 최소 몇 [kVA]를 초과하여야 하는가?

- 부하 : 유도 전동기 부하로서 기동 용량은 1,500 [kVA]
- 기동시의 전압 강하 : 25 [%]
- 발전기의 과도 리액턴스 : 30 [%]

[작성답안]

(1) • 절연 저항 시험
   • 접지 저항 시험
   • 계전기 동작 시험

   그 외
   • 절연내력시험
   • 계측장치 설치 및 동작상태
   • 절연유 내압시험 및 산가측정

(2) 계산 :

발전기 용량 [kVA] $\geq \left(\dfrac{1}{\text{허용 전압 강하}} - 1 \right) \times X_d \times$ 기동용량 [kVA]

$$P \geq \left(\dfrac{1}{0.25} - 1 \right) \times 1,500 \times 0.3 = 1,350 \text{ [kVA]}$$

답 : 1,350 [kVA]

발전기용량

출제년도 96.00.11.13.15.21.(6점/부분점수 없음)

어느 빌딩 수용가가 자가용 디젤 발전기 설비를 계획하고 있다. 발전기 용량 산출에 필요한 부하의 종류 및 특성이 다음과 같을 때 주어진 조건과 참고 자료를 이용하여 전부하 운전을 하는데 필요한 발전기 용량 [kVA]을 답안지 빈칸을 채우면서 선정하시오. (수용률을 적용한 kVA 합계를 구할 때는 유효분과 무효분을 나누어 구한다.)

【조건】

① 전동기 기동시에 필요한 용량은 무시한다.

② 수용률 적용(동력) : 최대 입력 전동기 1대에 대하여 100 [%], 2대는 80 [%], 전등, 기타는 100 [%]를 적용한다.

③ 전등, 기타의 역률은 100 [%]를 적용한다.

부하의 종류	출력[Kw]	극수(극)	대수(대)	적용 부하	기동 방법
전동기	37	8	1	소화전 펌프	리액터 기동
	22	6	2	급수 펌프	리액터 기동
	11	6	2	배풍기	Y−△ 기동
	5.5	4	1	배수 펌프	직입 기동
전등, 기타	50	−	−	비상 조명	−

[표1] 저압 특수 농형 2종 전동기 (KSC 4202) [개방형·반밀폐형]

정격 출력 [kW]	극수	동기속도 [rpm]	전부하 특성		기동 전류 I_{st} 각상의 평균값 [A]	비고		전부하 슬립 s [%]
			효율 η [%]	역률 pf [%]		무부하 전류 I_0 각상의 전류값 [A]	전부하 전류 I 각상의 평균값 [A]	
5.5	4	1,800	82.5 이상	79.5 이상	150 이하	12	23	5.5
7.5			83.5 이상	80.5 이상	190 이하	15	31	5.5
11			84.5 이상	81.5 이상	280 이하	22	44	5.5
15			85.5 이상	82.0 이상	370 이하	28	59	5.0

			86.0 이상	82.5 이상	455 이하	33	74	5.0
(19)			86.0 이상	82.5 이상	455 이하	33	74	5.0
22			86.5 이상	83.0 이상	540 이하	38	84	5.0
30			87.0 이상	83.5 이상	710 이하	49	113	5.0
37			87.5 이상	84.0 이상	875 이하	59	138	5.0
5.5			82.0 이상	74.5 이상	150 이하	15	25	5.5
7.5			83.0 이상	75.5 이상	185 이하	19	33	5.5
11			84.0 이상	77.0 이상	290 이하	25	47	5.5
15	6	1,200	85.0 이상	78.0 이상	380 이하	32	62	5.5
(19)			85.5 이상	78.5 이상	470 이하	37	78	5.0
22			86.0 이상	79.0 이상	555 이하	43	89	5.0
30			86.5 이상	80.0 이상	730 이하	54	119	5.0
37			87.0 이상	80.0 이상	900 이하	65	145	5.0
5.5			81.0 이상	72.0 이상	160 이하	16	26	6.0
7.5			82.0 이상	74.0 이상	210 이하	20	34	5.5
11			83.5 이상	75.5 이상	300 이하	26	48	5.5
15	8	900	84.0 이상	76.5 이상	405 이하	33	64	5.5
(19)			85.5 이상	77.0 이상	485 이하	39	80	5.5
22			85.0 이상	77.5 이상	575 이하	47	91	5.0
30			86.5 이상	78.5 이상	760 이하	56	121	5.0
37			87.0 이상	79.0 이상	940 이하	68	148	5.0

[표2] 자가용 디젤 표준 출력 [kVA]

50	100	150	200	300	4,400

	효율 [%]	역률 [%]	입력 [kVA]	수용률 [%]	수용률 적용값 [kVA]
37 × 1					
22 × 2					

11 × 2					
5.5 × 1					
50					
계	–	–	–	–	

○ 발전기 용량 : _____ [kVA]

[작성답안]

	효율 [%]	역률 [%]	입력 [kVA]	수용률 [%]	수용률 적용값 [kVA]
37×1	87	79	$\dfrac{37}{0.87 \times 0.79} = 53.83$	100	$P = 53.83 \times 0.79 = 42.53[\text{kW}]$ $Q = 53.83 \times \sqrt{1-0.79^2} = 33[\text{kVar}]$ $\therefore \sqrt{42.53^2 + 33^2} = 53.83[\text{kVA}]$
22×2	86	79	$\dfrac{22 \times 2}{0.86 \times 0.79} = 64.76$	80	$P = 64.76 \times 0.79 \times 0.8 = 40.93[\text{kW}]$ $Q = 64.76 \times \sqrt{1-0.79^2} \times 0.8 = 31.76$ [kVar] $\therefore \sqrt{40.93^2 + 31.76^2} = 51.81[\text{kVA}]$
11×2	84	77	$\dfrac{11 \times 2}{0.84 \times 0.77} = 34.01$	80	$P = 34.01 \times 0.77 \times 0.8 = 20.95[\text{kW}]$ $Q = 34.01 \times \sqrt{1-0.77^2} \times 0.8 = 17.36$ [kVar] $\therefore \sqrt{20.95^2 + 17.36^2} = 27.21[\text{kVA}]$
5.5×1	82.5	79.5	$\dfrac{5.5}{0.825 \times 0.795} = 8.39$	100	$P = 8.39 \times 0.795 = 6.67[\text{kW}]$ $Q = 8.39 \times \sqrt{1-0.795^2} = 5.09[\text{kVar}]$ $\therefore \sqrt{6.67^2 + 5.09^2} = 8.39[\text{kVA}]$
50	100	100	50	100	50[kVA]
계	–	–	–	–	$P = 42.53 + 40.93 + 20.95 + 6.67 + 50$ $= 161.08[\text{kW}]$ $Q = 33 + 31.76 + 17.36 + 5.09 = 87.21[\text{kVar}]$ $\therefore \sqrt{168.08^2 + 87.21^2} = 189.36[\text{kVA}]$

답 : 발전기의 표준용량 사용 200 [kVA]

출제년도 98.08.15.(10점/각 항목당 2점)

다음은 특고압 계통에서 22.9 kV-Y, 1000[kVA] 이하를 시설하는 경우의 특고압 간이수전설비 결선도 주의사항이다. 다음 "가"~"마"의 ( )에 알맞은 내용을 답란에 쓰시오.

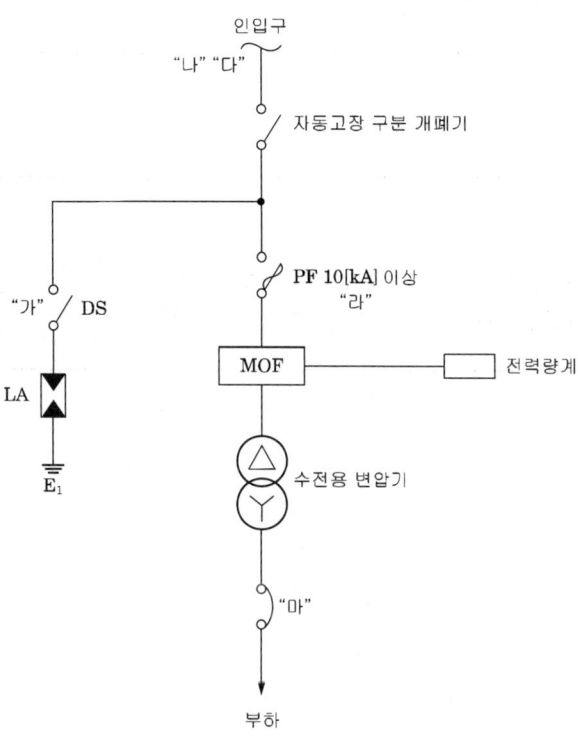

가. LA용 DS는 생략할 수 있으며, 22.9kV-Y용의 LA는 Disconnector(또는 Isolator) 붙임 형을 사용하여야 한다.

나. 인입선을 지중선으로 시설하는 경우로 공동주택 등 고장 시 정전피해가 큰 경우는 예비 지중선을 포함하여 (①)회선으로 시설하는 것이 바람직하다.

다. 지중인입선의 경우에 22.9 kN-Y 계통은 CNCV-W케이블(수밀형) 또는 (②)을 (를) 사용하여야 한다. 다만, 전력구·공동구·덕트·건물구내 등 화재의 우려가 있는 장소에서는 (③) 케이블을 사용하는 것이 바람직하다.

라. 300[kVA] 이하의 경우는 PF 대신 (④)(비대칭 차단전류 10[kA] 이상의 것)을 사용할 수 있다.

마. 특고압 간이수전설비는 PF의 용단 등의 결상사고에 대한 대책이 없으므로 변압기 2차 측에 설치되는 주차단기에는 (⑤) 등을 설치하여 결상사고에 대한 보호 능력이 있도록 함이 바람직하다.

[작성답안]

①	②	③	④	⑤
2회선	TR CNCV-W (트리억제형)	FR CNCO-W (난연)	COS (비대칭 차단전류 10[kA] 이상의 것)	결상 계전기

수변전설비도

출제년도 20.(14점/각 문항당 2점, 모두 맞으면 14점)

다음 간이수전설비도를 보고 물음에 답하시오.

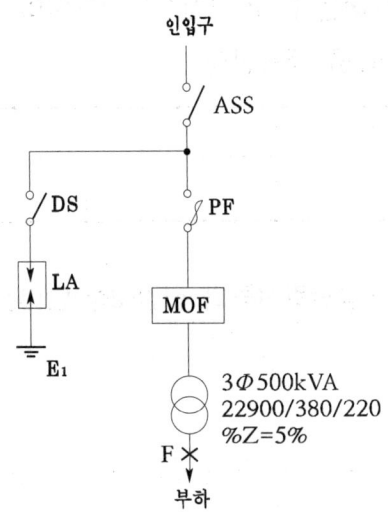

(1) ASS의 LOCK전류값과 LOCK전류의 기능은 무엇인가?

  - LOCK전류

  - LOCK전류의 기능

(2) LA정격전압과 제1보호대상은 무엇인가?

  - 정격전압

  - 제1보호대상

(3) PF(한류퓨즈)의 단점은?

  -
  -

(4) MOF의 정격 과전류 강도는 기기의 설치점에서 단락전류에 의해 계산하되, 60A이하일 때 MOF최소 과전류 강도는 몇 (1)배이고, 계산한 값이 75배 이상인 경우에는 (2)배를 적용하며, 60A를 초과시 MOF과전류 강도는 (3)배를 적용한다.

1	2	3

(5) 고장점 F에 흐르는 3상단락전류와 선간(2상)단락전류를 구하시오.
- 3상단락전류
- 선간(2상)단락전류

[작성답안]

(1) - 800A±10%
- 정격LOCK전류(800A)이상 발생시 개폐기는 LOCK 되며 후비보호장치 차단 후 개폐기(ASS)가 개방되어 고장구간을 자동 분리하는 기능

(2) 18 [kV], 변압기

(3) - 재투입을 할 수 없다.
- 과도 전류로 용단되기 쉽고 결상을 일으킬 염려가 있다.

그 외
- 동작시간, 전류특성을 자유로이 조정할 수 없다.
- 비보호 영역이 있다.
- 차단시 이상전압이 발생한다

(4)

1	2	3
75	150	40

(5) - 3상 단락전류

계산 : $I_s = \dfrac{100}{\%Z} I_n = \dfrac{100}{5} \times \dfrac{500 \times 10^3}{\sqrt{3} \times 380} = 15193.43[A]$

답 : 12193.43[A]

- 선간(2상)단락전류

계산 : 3상 단락전류의 86.6[%]에 해당하므로

$I_s = 0.866 \times \dfrac{100}{\%Z} I_n = 0.866 \times \dfrac{100}{5} \times \dfrac{500 \times 10^3}{\sqrt{3} \times 380} = 13157.51[A]$

답 : 13157.51[A]

[핵심] MOF 과전류 강도

① MOF의 과전류강도는 기기 설치점에서 단락전류에 의해 계산 적용하되, 22.9kV급으로서 60[A] 이하의 MOF최소 과전류강도는 전기사업자규격에 의한 75배로 하고, 계산한 값이 75배 이상인 경우에는 150배로 적용하며, 60[A] 초과 시 MOF과전류 강도는 40배로 한다.

② MOF 전단에 한류형 전력퓨즈를 설치하였을 때는 그 퓨즈로 제한되는 단락전류를 기준으로 과전류강도를 계산하여 상기 ①과 같이 적용한다.

③ 다만, 수요자 또는 설계자의 요구에 의하여 MOF 또는 CT의 과전류강도를 150배 이상으로 요구하는 경우는 그 값을 적용한다.

④ CT의 과전류강도는 기기 설치점에서 단락전류에 대한 과전류 강도 계산 값을 적용한다.

수변전설비도

출제년도 90.99.00.05.14.18.(13점/각 문항당 1점)

도면은 어느 154[kV] 수용가의 수전 설비 단선 결선도의 일부분이다.
주어진 표와 도면을 이용하여 다음 각 물음에 답하시오.

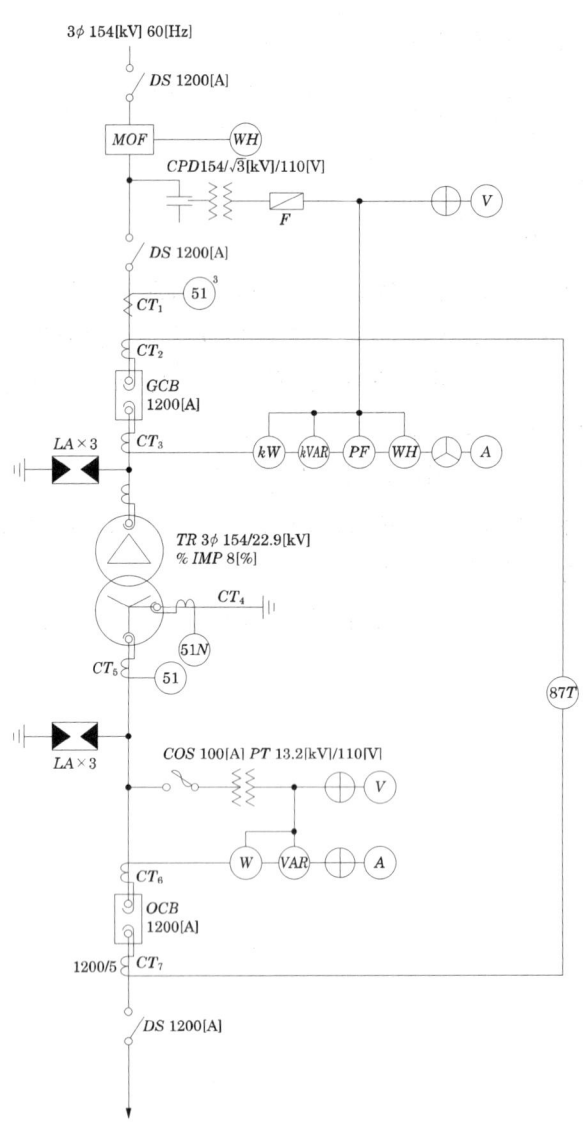

(1) 변압기 2차부하 설비용량이 51 [MW], 수용률이 70 [%], 부하역률이 90 [%]일 때 도면의 변압기 용량은 몇 [MVA]가 되는가?

(2) 변압기 1차측 DS의 정격전압은 몇 [kV]인가?

(3) CT_1의 비는 얼마인지를 계산하고 표에서 산정하시오.

(4) GCB의 정격전압은 몇 [kV]인가?

(5) 변압기 명판에 표시되어 있는 OA/FA의 뜻을 설명하시오.

(6) GCB내에 사용되는 가스는 주로 어떤 가스가 사용되는지 그 가스의 명칭을 쓰시오.

(7) 154 [kV] 측 LA의 정격전압은 몇 [kV]인가?

(8) ULTC의 구조상의 종류 2가지를 쓰시오.

(9) CT_5의 비는 얼마인지를 계산하고 표에서 선정하시오.

(10) OCB의 정격 차단전류가 23 [kA]일 때, 이 차단기의 차단용량은 몇 [MVA]인가?

(11) 변압기 2차측 DS의 정격전압은 몇 [kV]인가?

(12) 과전류 계전기의 정격부담이 9 [VA]일 때 이 계전기의 임피던스는 몇 [Ω]인가?

(13) CT_7 1차 전류가 600 [A]일 때 CT_7의 2차에서 비율 차동 계전기의 단자에 흐르는 전류는 몇 [A]인가?

1차 정격 전류[A]	200	400	600	800	1,200	1,500
2차 정격 전류[A]	5					

[작성답안]

(1) 계산 : 변압기용량 = $\dfrac{\text{설비용량} \times \text{수용률}}{\text{부등률} \times \text{역률}} = \dfrac{51 \times 0.7}{1 \times 0.9} = 39.666$ [MVA]

 답 : 39.67 [MVA]

(2) 170 [kV]

(3) 계산 : $I_1 = \dfrac{P}{\sqrt{3}\,V} \times (1.25 \sim 1.5) = \dfrac{39.67 \times 10^3}{\sqrt{3} \times 154} \times (1.25 \sim 1.5)$
$= 185.9 \sim 223.08\,[\text{A}]$

∴ 표에서 CT 정격 200/5 선정

답 : 200/5

(4) 170 [kV]

(5) OA : 유입자냉식

FA : 유입풍냉식

(6) SF_6 (육불화황가스)

(7) 144 [kV]

(8) ① 병렬 구분식 ② 단일 회로식

(9) 계산 : CT의 1차 전류 $= \dfrac{39.67 \times 10^6}{\sqrt{3} \times 22.9 \times 10^3} \times (1.25 \sim 1.5) = 1250.19 \sim 1500.23\,[\text{A}]$

표에서 1,500/5 선정

답 : 1,500/5

(10) 계산 : $P_s = \sqrt{3}\,V_n I_s\,[\text{MVA}] = \sqrt{3} \times 25.8 \times 23 = 1027.8\,[\text{MVA}]$

답 : 1027.8 [MVA]

(11) 25.8 [kV]

(12) 계산 : $P = I_n^2 \cdot Z\,[\text{VA}]$

$Z = \dfrac{P}{I_n^2} = \dfrac{9}{5^2} = 0.36\,[\Omega]$

답 : 0.36 [Ω]

(13) 계산 : $I_2 = I_1 \times \dfrac{1}{CT\text{비}} \times \sqrt{3} = 600 \times \dfrac{5}{1,200} \times \sqrt{3} = 4.33\,[\text{A}]$

답 : 4.33 [A]

[공통 해설]

CT가 △결선일 경우 비율 차동 계전기 단자에 흐르는 전류(I_2)는 상전류의 $\sqrt{3}$ 배가 됨을 주의한다.

고장점찾기

출제년도 95.97.06.00.10.15.21. ㉻ 90.(4점/부분점수 없음)

머레이 루프(Murray loop)법으로 선로의 고장지점을 찾고자 한다. 길이가 4km(0.2[Ω/km])인 선로가 그림과 같이 접지고장이 생겼을 때 고장점까지의 거리 X는 몇 [km]인지 구하시오. (단, G는 검류계이고, P = 270[Ω], Q = 90[Ω]에서 브리지가 평형 되었다고 한다.)

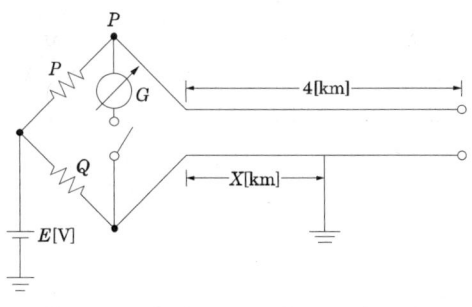

[작성답안]

계산 : $PX = Q(8-X)$

$PX = 8Q - XQ$

$X = \dfrac{Q}{P+Q} \times 8 = \dfrac{90}{270+90} \times 8 = 2$ [km]

답 : 2[km]

설비불평형률

출제년도 98.99.00.04.05.07.09.14.(5점/부분점수 없음)

그림과 같은 3상 3선식 배전선로에서 불평형률을 구하고, 양호하게 되었는지의 여부를 판단하시오.

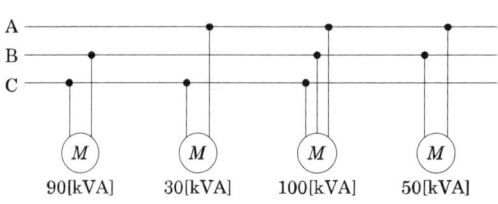

[작성답안]

계산 :

설비 불평형률 = $\dfrac{\text{각 선간에 접속되는 단상부하 총 설비용량의 최대와 최소의 차[kVA]}}{\text{총부하설비 용량[kVA]} \times 1/3} \times 100$

$= \dfrac{(90-30)}{(90+30+100+50) \times \dfrac{1}{3}} \times 100 = 66.666\,[\%]$

답 : 66.67 [%], 불평형률은 30 [%]이어야 하므로 부적합하다.

[핵심] 설비불평형률

① 설비불평형 단상

저압수전의 단상 3선식에서 중성선과 각 전압측 전선간의 부하는 평형이 되게 하는 것을 원칙으로 한다.

[주1] 부득이한 경우는 설비불평형률 40 [%]까지로 할 수 있다. 이 경우 설비불평형률이란 중성선과 각전압측 전선간에 접속되는 부하설비용량[VA]차와 총부하설비용량[VA]의 평균값의 비[%]를 말한다. 즉 다음 식으로 나타낸다.

설비불평형률 = $\dfrac{\text{중성선과 각 전압측 전선간에 접속되는 부하설비용량[kVA]의 차}}{\text{총 부하설비용량[kVA]의 1/2}} \times 100\,[\%]$

② 설비불평형 3상

저압, 고압 및 특고압수전의 3상 3선식 또는 3상 4선식에서 불평형부하의 한도는 단상 접속 부하로 계산하여 설비불평형률을 30 [%] 이하로 하는 것을 원칙으로 한다. 다만, 다음 각 호의 경우는 이 제한에 따르지 않을 수 있다.

- 저압수전에서 전용변압기 등으로 수전하는 경우
- 고압 및 특고압수전에서 100 [kVA](kW) 이하의 단상부하인 경우
- 고압 및 특고압수전에서 단상부하용량의 최대와 최소의 차가 100 [kVA](kW) 이하인 경우
- 특고압수전에서 100 [kVA](kW) 이하의 단상변압기 2대로 역(逆)V결선하는 경우

[주] 이 경우의 설비불평형률이란 각 선간에 접속되는 단상부하 총설비용량 [VA]의 최대와 최소의 차와 총 부하설비용량 [VA] 평균값의 비 [%]를 말한다. 즉, 다음 식으로 나타낸다.

$$설비불평형률 = \frac{각\ 선간에\ 접속되는\ 단상\ 부하\ 총\ 설비용량\ [kVA]의\ 최대와\ 최소의\ 차}{총\ 부하설비용량\ [kVA]의\ 1/3} \times 100\ [\%]$$

분기회로수

출제년도 97.02.13.(6점/각 문항당 3점)

그림과 같은 평면도의 2층 건물에 대한 배선설계를 하기 위하여 주어진 조건을 이용하여 1층 및 2층을 분리하여 분기회로수를 결정하고자 한다. 다음 각 물음에 답하시오.

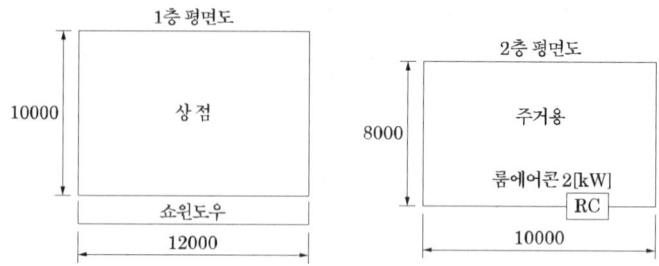

【조건】
- 분기 회로는 16 [A]분기 회로로 하고 80 [%]의 정격이 되도록 한다.
- 배전 전압은 220 [V]를 기준으로 하여 적용 가능한 최대 부하를 상정한다.
- 주택 및 상점의 표준 부하는 30 [VA/m^2]로 하되, 1층, 2층 분리하여 분기 회로수를 결정하고 상점과 주거용에 각각 1,000 [VA]를 가산하여 적용한다.
- 상점의 쇼윈도우에 대해서는 길이 1 [m]당 300 [VA]를 적용한다.
- 옥외 광고등 500 [VA]짜리 2등이 상점에 있는 것으로 하고, 하나의 전용분기회로로 구성한다.
- 예상이 곤란한 콘센트, 틀어 끼우는 접속기, 소켓 등이 있을 경우라도 이를 상정하지 않는다.
- RC는 전용분기회로로 한다.

(1) 1층의 부하용량과 분기회로수를 구하시오.

(2) 2층의 부하용량과 분기회로수를 구하시오.

[작성답안]

(1) 계산 : $P = (12 \times 10 \times 30) + 12 \times 300 + 1,000 = 8,200$ [VA]

$$\text{분기 회로수} = \frac{\text{부하용량}}{\text{사용전압} \times \text{분기회로전류}} = \frac{8,200}{220 \times 16 \times 0.8} = 2.92 \text{ [회로]}$$

∴ 16[A] 분기 3회로 선정, 옥외 광고등 전용분기 1회로 선정

답 : 16[A] 분기 4회로

(2) 계산 : $P = 10 \times 8 \times 30 + 1,000 = 3,400$ [VA]

$$\text{분기 회로수} = \frac{\text{부하용량}}{\text{사용전압} \times \text{분기회로전류}} = \frac{3,400}{220 \times 16 \times 0.8} = 1.21 \text{ [회로]}$$

∴ 16[A] 분기 2회로 선정, 에어컨 전용분기 1회로 선정

답 : 16[A] 분기 3회로

전선의 굵기

출제년도 20.新規.(7점/각 문항당 3점, 모두 맞으면 7점)

380/220[V] 3상 4선식 선로에서 180[m] 떨어진 곳에 다음표와 같이 부하가 연결되어 있다. 간선의 설계전류와 굵기를 구하시오. 단, 전압강하는 3%로 한다.

종류	출력	수량	역률×효율	수용률
급수펌프	380V/7.5kW	4	0.7	0.7
소방펌프	380V/20kW	2	0.7	0.7
전열기	220V/10kW	3(각상 평형배치)	1	0.5

(1) 간선의 굵기를 결정하는데 필요한 설계전류를 구하시오.

(2) (1)의 설계전류를 이용하여 전압강하를 고려한 간선의 굵기를 선정하시오.

[작성답안]

(1) 계산 : 급수펌프의 전류 $I_M = \dfrac{7.5 \times 10^3 \times 4}{\sqrt{3} \times 380 \times 0.7} \times 0.7 = 45.58[A]$

　　　　소방펌프의 전류 $I_M = \dfrac{20 \times 10^3 \times 2}{\sqrt{3} \times 380 \times 0.7} \times 0.7 = 60.77[A]$

　　　　전열기 전류 $I_M = \dfrac{10 \times 10^3}{220 \times 1} \times 0.5 = 22.73$

　　　　간선의 설계전류 $I_B = I_M + I_H = 45.58 + 60.77 + 22.73 = 129.08[A]$

　　답 : 129.08[A]

(2) 계산 : $A = \dfrac{17.8LI}{1000e} = \dfrac{17.8 \times 180 \times 129.08}{1000 \times 220 \times 0.03} = 62.66[\text{mm}^2]$

　　∴ 표준굵기 70[mm²] 선정

　　답 : 70[mm²]

[핵심] 도체와 과부하 보호장치 사이의 협조

과부하에 대해 케이블(전선)을 보호하는 장치의 동작특성은 다음의 조건을 충족해야 한다.

$I_B \leq I_n \leq I_Z$ .... ①

$I_2 \leq 1.45 \times I_Z$ .... ②

  I_B : 회로의 설계전류

  I_Z : 케이블의 허용전류

  I_n : 보호장치의 정격전류

  I_2 : 보호장치가 규약시간 이내에 유효하게 동작하는 것을 보장하는 전류

1. 조정할 수 있게 설계 및 제작된 보호장치의 경우, 정격전류 I_n은 사용현장에 적합하게 조정된 전류의 설정 값이다.
2. 보호장치의 유효한 동작을 보장하는 전류 I_2는 제조자로부터 제공되거나 제품 표준에 제시되어야 한다.
3. 식 2에 따른 보호는 조건에 따라서는 보호가 불확실한 경우가 발생할 수 있다. 이러한 경우에는 식 2에 따라 선정된 케이블 보다 단면적이 큰 케이블을 선정하여야 한다.
4. I_B는 선도체를 흐르는 설계전류이거나, 함유율이 높은 영상분 고조파(특히 제3고조파)가 지속적으로 흐르는 경우 중성선에 흐르는 전류이다.

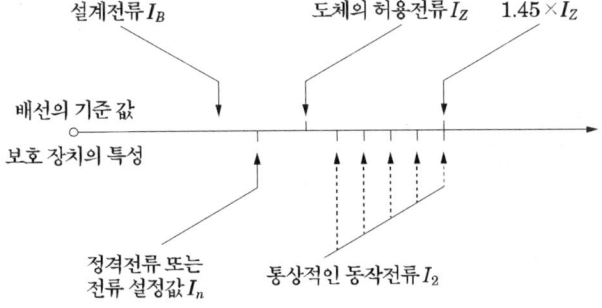

출제년도 94.01.06.11.12.20. 유사 99.01.04.12.14.(8점/각 문항당 2점, 모두 맞으면 8점)

가로 10 [m], 세로 14 [m], 천장 높이 2.75 [m], 작업면 높이 0.75 [m]인 사무실에 천장 직부 형광등 F32×2를 설치하려고 한다.

(1) 이 사무실의 실지수는 얼마인가?

(2) F32×2의 심벌을 그리시오.

(3) 이 사무실의 작업면 조도를 250 [lx], 천장 반사율 70 [%], 벽 반사율 50 [%], 바닥 반사율 10 [%], 32 [W] 형광등 1등의 광속 3200 [lm], 보수율 70 [%], 조명율 50 [%]로 한다면 이 사무실에 필요한 소요 등기구 수는 몇 등인가?

[작성답안]

(1) 계산 : $k = \dfrac{XY}{H(X+Y)} = \dfrac{10 \times 14}{(2.75-0.75)(10+14)} = 2.92$

답 : 2.92

(2) ⌷◯⌶
   F32×2

(3) 계산 : $N = \dfrac{250 \times 10 \times 14 \times \dfrac{1}{0.7}}{3200 \times 2 \times 0.5} = 15.63\,[\text{등}]$

답 : 16[등]

[핵심] 조명설계

① 실지수

방의 면적이 같은 2개의 방에 같은 수의 광원을 설치하여도 방의 모양이 다른 경우에는 작업 면상의 조도는 다르게 된다. 그래서 천정, 바닥이 장방형인 방은 가로 X, 세로 Y 두 변의 평균을 한 변으로 하는 정방형인 방과 동일하다고 하는 이론에 의해 실지수 $R.I$를 다음 식과 같이 결정한다.

$$R.I = \frac{XY}{H(X+Y)}$$

실지수	5.0	4.0	3.0	2.5	2.0	1.5	1.25	1.0	0.8	0.6
기호	A	B	C	D	E	F	G	H	I	J

② 조도계산

N개의 램프에서 방사되는 빛을 평면상의 면적 $A[m^2]$에 모두 집중 조사할 수 있다고 하고 램프 1개당 광속을 $F[lm]$이라 하면, 그 면의 평균조도를

$$E = \frac{F \cdot N}{A} \;[lx]$$

로 나타낸다. 이러한 평균조도 계산은 광속법과 설계여건에 따라 ZCM (Zonal Cavity Method)법을 채택할 수 있다.

$$E = \frac{F \cdot N \cdot U \cdot M}{A}$$

여기서, E : 평균조도 [lx]

F : 램프 1개당 광속 [lm]

N : 램프수량 [개]

U : 조명률

M : 보수율, 감광보상률의 역수

A : 방의 면적 [m²] (방의 폭×길이)

전동기용량

출제년도 94.08.11.12.16.21.22.
89.94.95.08.10.11.12.16.(5점/각 문항당 2점, 모두 맞으면 5점)

지표면상 10 [m] 높이에 수조가 있다. 이 수조에 초당 1 [m³]의 물을 양수하려고 한다. 여기에 사용되는 펌프 모터에 3상 전력을 공급하기 위하여 단상 변압기 2대를 사용하였다. 펌프 효율이 70 [%]이고, 펌프축 동력에 20 [%]의 여유를 두는 경우 다음 각 물음에 답하시오. (단, 펌프용 3상 농형 유도 전동기의 역률은 100 [%]로 가정한다.)

(1) 펌프용 전동기의 소요 동력은 몇 [kW]인가?
(2) 변압기 1대의 용량은 몇 [kVA]인가?

[작성답안]

(1) 계산 : $P = \dfrac{9.8QHK}{\eta} = \dfrac{9.8 \times 1 \times 10 \times 1.2}{0.7} = 168$ [kW]

답 : 168 [kW]

(2) 계산 : $P_V = \sqrt{3}\, P_1$ [kVA]

$\sqrt{3}\, P_1 = \dfrac{168}{1}$ [kVA]

$P_1 = \dfrac{168}{\sqrt{3}} = 96.99$ [kVA]

답 : 96.99 [kVA]

접지선의 굵기

출제년도 21.(4점/부분점수 없음)

자동차단을 위한 보호장치의 동작시간이 0.5초 이며, 보호장치를 통해 흐를 수 있는 예상 고장전류 실효값이 25[kA]인 경우 보호도체의 최소 단면적을 구하시오. 단, 보호도체, 절연, 기타 부위의 재질 및 초기온도와 최종온도에 따라 정해지는 계수는 159이며, 동선을 사용하는 경우이다

[작성답안]

계산 : $S = \dfrac{\sqrt{t}}{K} I_g = \dfrac{\sqrt{0.5}}{159} \times 25000 = 111.18 [\text{mm}^2]$

∴ 표준규격 120[mm^2] 선정

답 : 120[mm^2]

[핵심] 접지선의 굵기 선정

$$S = \dfrac{\sqrt{I^2 t}}{k}$$

S : 단면적[mm^2]

I : 보호장치를 통해 흐를 수 있는 예상고장전류[A]

t : 자동차단을 위한 보호장치 동작시간(s)

[비고] ① 회로 임피던스에 의한 전류제한 효과와 보호장치의 $I^2 t$의 한계를 고려해야 한다.

② k : 보호도체, 절연, 기타 부위의 재질 및 초기온도와 최종온도에 따라 정해지는 계수 (k값의 계산은 KS C IEC 60364-5-54 부속서 A 참조)

절연내력시험

출제년도 18.21.(5점/각 항목당 1점, 모두 맞으면 5점)

다음에 주어진 표에 절연내력 시험전압은 몇[V]인가? 을 빈 칸에 채워 넣으시오.

공칭전압[V]	최대사용전압[V]	접지방식	시험전압[V]
6,600	6,900	비접지	①
13,200	13,800	중성점 다중접지	②
22,900	24,000	중성점 다중접지	③

[작성답안]

① 6,900 × 1.5 = 10,350 [V]

② 13,800 × 0.92 = 12,696 [V]

③ 24,000 × 0.92 = 22,080 [V]

배전특성   출제년도 17.(5점/각 문항당 2점)

> 수전단 전압이 6,000 [V]인 2 [km] 3상4선식 선로에서 380 [V], 1,000 [kW](늦은역률 0.8) 부하가 연결 되있다고 한다. 다음 물음에 답하시오.
> (단, 1선당 저항은 0.3 [Ω/km], 1선당 리액턴스는 0.4 [Ω/km] 이다.)
> (1) 선로의 전압강하를 구하시오.
> (2) 선로의 전압강하율을 구하시오.
> (3) 선로의 전력손실을 구하시오.

[작성답안]

(1) 계산 : $e = \dfrac{P(R + X\tan\theta)}{V_r} = \dfrac{1,000 \times 10^3 \left(0.3 \times 2 + 0.4 \times 2 \times \dfrac{0.6}{0.8}\right)}{6,000} = 200\,[V]$

답 : 200 [V]

(2) 계산 : $\epsilon = \dfrac{V_s - V_r}{V_r} \times 100 = \dfrac{200}{6,000} \times 100 = 3.33\,[\%]$

답 : 3.33 [%]

(3) 계산 : $P_l = 3I^2 R = \dfrac{P^2 R}{V^2 \cos^2\theta} = \dfrac{(1,000 \times 10^3)^2 \times 0.3 \times 2}{6,000^2 \times 0.8^2} = 26041.67\,[W]$

답 : 26.04 [kW]

[핵심] 전압강하

① 전압강하 $e = \dfrac{P}{V}(R + X\tan\theta)\,[V]$

② 전압강하율 $\epsilon = \dfrac{e}{V} \times 100 = \dfrac{P}{V^2}(R + X\tan\theta) \times 100\,[\%]$

③ 전력손실 $P_L = \dfrac{P^2 R}{V^2 \cos^2\theta}\,[kW]$

④ 전력손실률 $k = \dfrac{P_L}{P} \times 100 = \dfrac{PR}{V^2 \cos^2\theta} \times 100\,[\%]$

배전특성

출제년도 08.19.21.22.(4점/부분점수 없음)

3상 배전선로의 말단에 늦은 역률 80[%]인 평형 3상의 집중 부하가 있다. 변전소 인출구의 전압이 6,600[V]인 경우 부하의 단자전압을 6,000[V] 이하로 떨어뜨리지 않으려면 부하 전력[kW]은 얼마인가? 단, 전선 1선의 저항은 1.4[Ω], 리액턴스 1.8[Ω]으로 하고 그 이외의 선로정수는 무시한다.

[작성답안]

계산 : $e = \dfrac{P}{V_r}(R + X\tan\theta)$ [V]에서 $P = \dfrac{eV_r}{R + X\tan\theta} \times 10^{-3}$ [kW]

$\therefore P = \dfrac{600 \times 6{,}000}{1.4 + 1.8 \times \dfrac{0.6}{0.8}} \times 10^{-3} = 1{,}309.09$ [kW]

답 : 1,309.09 [kW]

%임피던스법

출제년도 16.(6점/각 문항당 2점)

다음과 같은 발전소에서 각 차단기의 차단용량을 구하시오.

- 발전기 G_1 : 용량 10,000 [kVA] $x_{G_1} = 10$ [%]
- 발전기 G_2 : 용량 20,000 [kVA] $x_{G_2} = 14$ [%]
- 변압기 T : 용량 30,000 [kVA] $x_T = 12$ [%]이고,
- S_1, S_2, S_3는 단락사고 발생 지점이며, 선로 측으로부터의 단락전류는 고려하지 않는다.

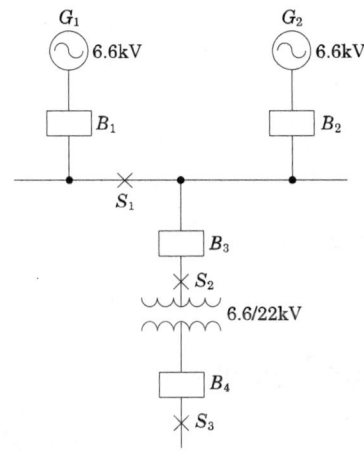

(1) S_1 지점에서 단락사고가 발생하였을 때, B_1, B_2 차단기의 차단 용량[MVA]을 계산하시오.

(2) S_2 지점에서 단락사고가 발생 하였을 때, B_3 차단기의 차단 용량[MVA]을 계산하시오.

(3) S_3 지점에서 단락사고가 발생 하였을 때, B_4 차단기의 차단 용량[MVA]을 계산하시오.

[작성답안]

(1) 계산 : 기준용량 10 [MVA]로 환산하면

$$\%x_{G1} = \frac{10}{10} \times 10 = 10\,[\%], \quad \%x_{G2} = \frac{10}{20} \times 14 = 7\,[\%]$$

$$B_1 = \frac{100}{10} \times 10 = 100\,[\text{MVA}]$$

$$B_2 = \frac{100}{7} \times 10 = 142.857\,[\text{MVA}]$$

답 : ① B_1 100 [MVA]
　　② B_2 142.86 [MVA]

(2) 계산 : 기준용량 10 [MVA]로 환산하면

$$\%x_{G1} = \frac{10}{10} \times 10 = 10\,[\%], \quad \%x_{G2} = \frac{10}{20} \times 14 = 7\,[\%]$$

$$\%x_0 = \frac{\%x_{G_1} \times \%x_{G_2}}{\%x_{G_1} + \%x_{G_2}} = \frac{10 \times 7}{10 + 7} = 4.118\,[\%]$$

$$\therefore B_3 = \frac{100}{4.118} \times 10 = 242.836$$

답 : 242.84 [MVA]

(3) 계산 : 기준용량 10 [MVA]로 환산하면

$$\%x_{G1} = \frac{10}{10} \times 10 = 10\,[\%], \quad \%x_{G2} = \frac{10}{20} \times 14 = 7\,[\%], \quad \%x_T = \frac{10}{30} \times 12 = 4\,[\%]$$

$$\%x_0 = \frac{\%x_{G_1} \times \%x_{G_2}}{\%x_{G_1} + \%x_{G_2}} + \%x_T = \frac{10 \times 7}{10 + 7} + 4 = 8.118\,[\%]$$

$$\therefore B_3 = \frac{100}{8.118} \times 10 = 123.183$$

답 : 123.18 [MVA]

[해설] %임피던스

(2) 고장점 S_2 지점에서 바라본 발전기 G_1과 G_2는 병렬이다.
(3) 고장점 S_3 지점에서 바라본 발전기 G_1과 G_2는 병렬이며, 변압기 T와는 직렬이다.

임피던스의 크기를 옴[Ω] 값 대신에 %값으로 나타내어 계산하는 방법으로 옴[Ω]법과 달리 전압환산을 할 필요가 없어 계산이 용이하므로 현재 가장 많이 사용되고 있다.

$$\%Z = \frac{I_n[\text{A}] \times Z[\Omega]}{E[\text{V}]} \times 100[\%] = \frac{P[\text{kVA}] \times Z[\Omega]}{10 V^2[\text{kV}]}[\%]$$

$$P_S = \frac{100}{\%Z} P_N$$

여기서 P_N은 %임피던스를 결정하는 기준용량을 의미 한다.

충전전류 충전용량

출제년도 01.15.19.22.(6점/각 문항당 3점)

전압 22,900 [V], 주파수 60 [Hz], 선로길이 7 [km] 1회선의 3상 지중 송전선로가 있다. 이 지중 전선로의 3상 무부하 충전전류 및 충전용량을 구하시오. (단, 케이블의 1선당 작용 정전용량은 0.4 [μF/km]라고 한다.)

(1) 충전전류

(2) 충전용량

[작성답안]

(1) 계산 : $I_c = 2\pi \times 60 \times 0.4 \times 10^{-6} \times 7 \times \left(\dfrac{22,900}{\sqrt{3}}\right) = 13.956$ [A]

답 : 13.96 [A]

(2) 계산 : $Q_c = 3 \times 2\pi \times 60 \times 0.4 \times 10^{-6} \times 7 \times \left(\dfrac{22,900}{\sqrt{3}}\right)^2 \times 10^{-3} = 553.554$ [kVA]

답 : 553.55 [kVA]

[핵심] 충전전류와 충전용량

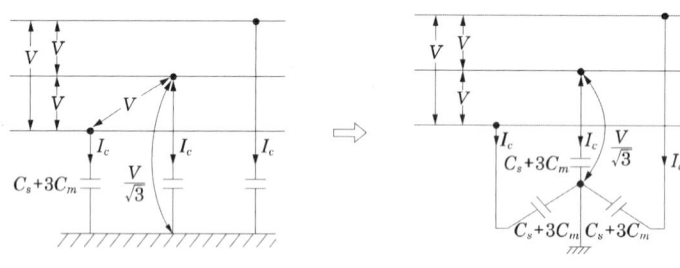

① 전선의 충전 전류 : $I_c = 2\pi f\, C \times \dfrac{V}{\sqrt{3}}$ [A]

② 전선로의 충전 용량 : $P_c = \sqrt{3}\, V I_C = 2\pi f\, C V^2 \times 10^{-3}$ [kVA]

여기서, C : 전선 1선당 정전 용량[F], V : 선간 전압[V], f : 주파수[Hz]

※ 선로의 충전전류 계산 시 전압은 변압기 결선과 관계없이 상전압 $\left(\dfrac{V}{\sqrt{3}}\right)$를 적용하여야 한다.

출제년도 04.05.07.17.(6점/각 문항당 3점)

그림은 릴레이 인터록 회로이다. 이 그림을 보고 다음 각 물음에 답하시오.

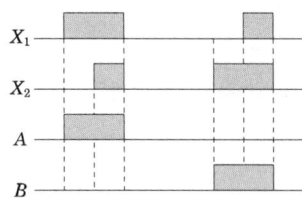

(1) 이 회로를 논리회로로 고쳐서 완성하시오.

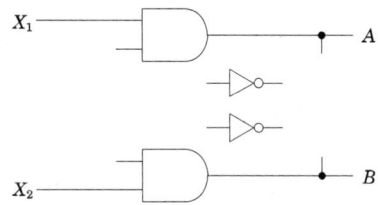

(2) 논리식쓰고 진리표를 완성하시오.
- 논리식
- 진리표

X_1	X_2	A	B
0	0		
0	1		
1	0		

[작성답안]

(1)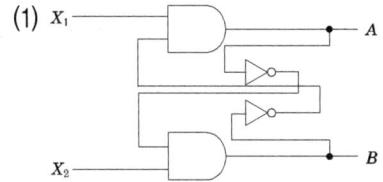

(2) • 논리식 $A = X_1 \cdot \overline{B}$ $B = X_2 \cdot \overline{A}$

• 진리표

X_1	X_2	A	B
0	0	0	0
0	1	0	1
1	0	1	0

도면과 같은 시퀀스도는 기동 보상기에 의한 전동기의 기동제어 회로의 미완성 도면을 보고 다음 각 물음에 답하시오.

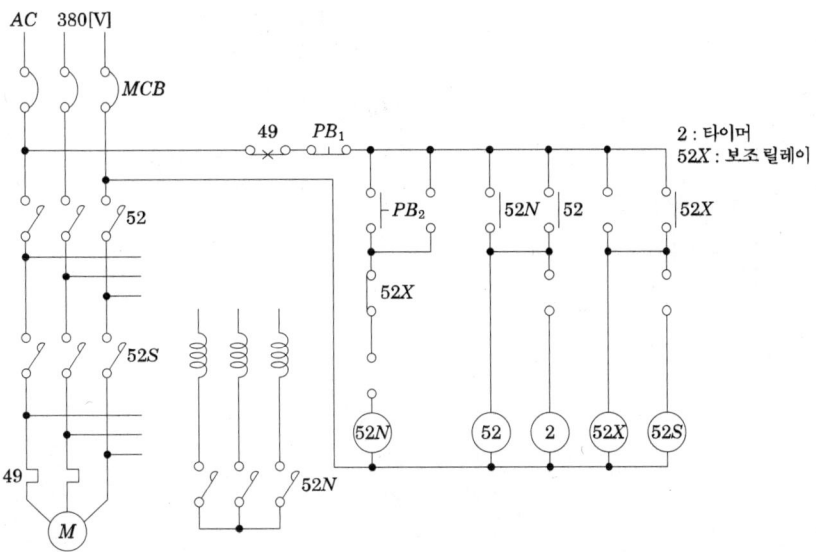

(1) 전동기의 기동 보상기 기동제어는 어떤 기동 방법인지 그 방법을 상세히 설명하시오.

(2) 주 회로에 대한 미완성 부분을 완성하시오.

(3) 보조 회로의 미완성 접점을 그리고 그 접점 명칭을 표시하시오.

[작성답안]

(1) 유도전동기의 감압 기동법으로 전동기에 대한 인가전압을 단권변압기로 감압하여 공급함으로써 기동전류를 억제하고 기동완료 후 전전압을 가하여 운전하는 방식을 말한다.

(2)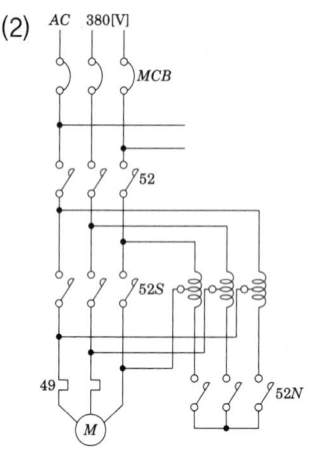

(3)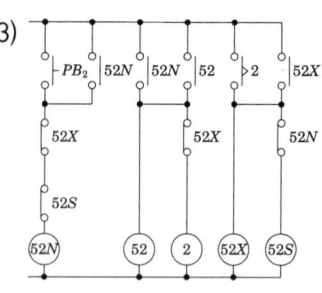

PLC

출제년도 19.(6점/각 문항당 3점)

다음 PLC의 표를 보고 물음에 답하시오.

step	명령어	번지
0	LOAD	P000
1	OR	P010
2	AND NOT	P001
3	ANT NOT	P002
4	OUT	P010

(1) 래더다이어 그램을 그리시오.

(2) 논리회로를 그리시오.

[작성답안]

(1)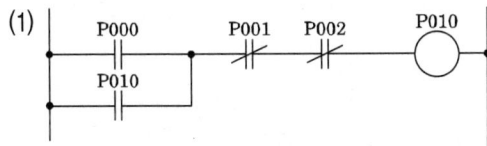

(2)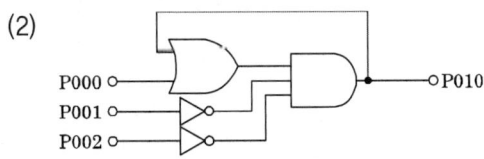

전기산업기사 실기 합격안내서
마인드맵 무료 동영상 강의

별책부록

저 자 김 대 호
발행인 이 종 권

2023年 3月 16日 초 판 발 행
2024年 3月 5日 1차개정발행
2025年 1月 23日 2차개정발행

發行處 **(주) 한솔아카데미**

(우)06775 서울시 서초구 마방로10길 25 트윈타워 A동 2002호
TEL : (02)575-6144/5 FAX : (02)529-1130
〈1998. 2. 19 登錄 第16-1608號〉

※ 본 교재의 내용 중에서 오타, 오류 등은 발견되는 대로 한솔아카데미 인터넷 홈페이지를 통해 공지하여 드리며 보다 완벽한 교재를 위해 끊임없이 최선의 노력을 다하겠습니다.
※ 파본은 구입하신 서점에서 교환해 드립니다.
www.inup.co.kr / www.bestbook.co.kr

ISBN 979-11-6654-620-4 13560